Training Note トレーニングノートα 生 物

はじめに

　小さい頃,「なぜ,植物は緑色なのだろう？」「なぜ,鳥は空を飛べるのだろう？」といった疑問をもったことはありませんか？これらの疑問の答えにたどり着くための学問が**生物学**です。「生物」では,「生物基礎」で学んだことをもとに,より深く生命や環境について学習します。ここでの学習は,自分自身や身のまわりにいる多くの生物を理解する手がかりになるでしょう。

　本書の問題は,基礎的なものを中心に少し考えさせる問題まで幅広く構成してあります。わからないときは,飛ばしてどんどん次をやるのではなく,個々の問題ごとに,「**なぜか,どのようになるのか**」と考えてみてください。生物の勉強が今までよりきっと楽しくなってきます。

本書の特色

JN074459

- 生物の学習内容を,要点を絞って掲載しています。
- 1単元を2ページで構成しています。単元のはじめには,問題を解く上での重要事項を POINTS として解説しています。
- 1問目は,図や表を用いた空所補充問題です。重要な図表を確認しましょう。

目次

1 生命の起源と生物の変遷

解答▶別冊P.1

✐ POINTS

1 生命の起源

地球上には約40億年前に最初の生命が誕生したと考えられている。このころの地球は，主に二酸化炭素(CO_2)でできた原始大気が表面をおおっていた。海底には，メタン(CH_4)，水素(H_2)，硫化水素(H_2S)などを含む熱水が噴出する**熱水噴出孔**が見られる。その周辺で生物のからだをつくる**タンパク質**や**核酸**などの有機物が生成したと考えられている。

▶**ミラーの実験**…ミラーは，1953年，メタン，アンモニア，水蒸気などの無機物を混合した気体中で放電すると，アミノ酸などの有機物が生成することを示した。

2 原核生物から真核生物へ

初期の生命は原核生物で，化学合成細菌や光合成細菌が出現した。その後，光合成を行うシアノバクテリアが大量に酸素を放出し，地球上の大気成分を激変させた。酸素を利用した呼吸を行う好気性細菌の出現に続き，真核生物が出現した。真核生物は多様化していき，その後多細胞生物が出現し，進化していった。

▶**細胞内共生**…アーキア(古細菌)に好気性細菌が共生してミトコンドリアとなり，シアノバクテリアが共生して葉緑体になったと考えられている(細胞内共生説)。

□ **1** 次の図中の ☐ の中に適当な語句を記入しなさい。

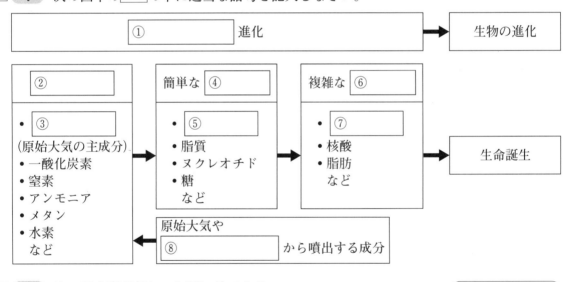

□ **2** 次の出来事が起こった順に並べなさい。

ア DNAとタンパク質による自己複製系が確立

イ 熱水噴出孔の近くで嫌気性細菌が誕生

ウ ミトコンドリアや葉緑体をもった真核生物の誕生

エ 光合成細菌の誕生

オ 大気中の O_2 濃度が上昇

カ 無機物から有機物が生成される化学進化が起こった。

(→ → → → →)

✅ Check

↳ **2** 原始大気中には酸素がない。光合成により O_2 が発生する。

2

□ **3**　次の文の①〜⑤に適する語句を答えなさい。⑤には「従属」か「独立」のどちらか適切な語を書くこと。

　地球が誕生した当時，地球の大気の成分には，（①　　　　　）がほとんど存在せず，二酸化炭素，窒素，水蒸気などが含まれていたと考えられている。一方，海底の熱水噴出孔付近ではメタンなどが噴出していた。やがて，これらから，熱や紫外線などのエネルギーによって，小さい分子量の有機物がつくられ，さらにタンパク質や核酸などの大きな分子量の有機物に変化した。この過程は（②　　　　　）進化とよばれる。そしてこれら有機物の相互作用によって生命が誕生したと推定されている。最初の生命は，簡単な有機物を分解してエネルギーを得る従属栄養性の原核生物であった。その後，原始海洋において，無機物を酸化して得たエネルギーを用いて有機物をつくる独立栄養性の原核生物や，光のエネルギーを用いて有機物をつくる独立栄養性の原核生物が誕生した。原核生物のうちシアノバクテリアは地球上に多量にある二酸化炭素と（③　　　　　）を利用して，多くの（　①　）を放出した。やがて放出された（　①　）を利用して有機物を分解し効率よくエネルギーを得ることのできる，（④　　　　　）という代謝系を獲得した（⑤　　　　　）栄養性の原核生物が誕生した。　　〔日本女子大－改〕

> ↳ **3**　無機物から有機物を自ら合成する生物を**独立栄養生物**といい，独立栄養生物から有機物を直接，間接的に得る生物を**従属栄養生物**という。

□ **4**　次の文の①〜⑨の（　）に適する語句を答えなさい。

　最初の生物が発生したころの地球大気には（①　　　　　）がなかったが，その後，シアノバクテリアなどの生物が出現して（②　　　　　）を行ったので大気の組成が変化した。初期の生物のエネルギー獲得様式は酸素を利用（③　　　　　）呼吸であったが，新たにはるかに効率の高い酸素を利用（④　　　　　）呼吸を行う生物が現れた。

　細胞の進化に関する（⑤　　　　　）説によれば，初めはすべて単細胞の（⑥　　　　　）生物であったが，十数億年前にある種の細胞に酸素を利用（　④　）呼吸を行う生物が細胞内共生して細胞内の（⑦　　　　　）に進化し，細胞小器官をもつ（⑧　　　　　）生物が生まれたと考えられている。さらに，（　②　）を行う生物が細胞内共生して（⑨　　　　　）に進化したものが（　⑧　）生物の中の植物になった。　　〔山梨医大－改〕

> **Q確認**
> **細胞内共生説**
> ミトコンドリア
> 　　→好気性細菌
> 葉緑体
> 　　→シアノバクテリア

② 有性生殖と遺伝子の多様性

解答▶別冊P.1

✎ POINTS

1 有性生殖と無性生殖

　　有性生殖とは，生殖を行う個体が精子や卵などの**配偶子**をつくり，これが普通2個合体して新しい個体をつくる生殖法。配偶子の合体を**接合**といい，配偶子が卵や精子の場合は特に**受精**という。その結果，多様な遺伝子が生じる。一方，**無性生殖**は個体の一部が新個体になる生殖法で，親と同じ遺伝的性質をもつ新しい個体（**クローン**）が生じる。

2 染色体と遺伝子

　　有性生殖を行う個体の体細胞における**染色体**は，性決定に関与する**性染色体**と，性染色体を除いた**常染色体**がある。
　　染色体は存在する遺伝子の位置が決まっており，これを**遺伝子座**という。1対の相同染色体で，それぞれ

の遺伝子座に同じ遺伝子が存在する状態を**ホモ接合**，異なる遺伝子が存在する状態を**ヘテロ接合**という。ヘテロ接合の場合，この遺伝子それぞれを**対立遺伝子**という。

3 減数分裂と配偶子形成

　　減数分裂は配偶子を形成する分裂であり，連続する2回の分裂で，染色体数が半分になる。第一分裂中期に相同染色体の対合で二価染色体ができ，終期で染色体数とDNA量がともに半減する。第二分裂では，染色体数が変わらず，DNA量は半減する。

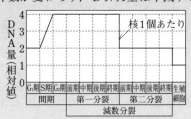

□ **1**　減数分裂を模式的に表した次の図中の□□に適当な図を記入しなさい。

・第一分裂

間期	前期	中期	後期	終期

・第二分裂

前期	中期	後期	終期

□ **2**　次の説明文のうち，有性生殖の説明であれば「**A**」，無性生殖の説明であれば「**B**」と答えなさい。

①　配偶子を形成し，その合体で新個体が生じる。　　（　　）

②　個体が同じ大きさに分かれたり，個体の一部が膨らんだりして新個体が生じる。　　（　　）

③　新個体が親と同じ遺伝的性質をもつので，均一な個体が生じ，環境の変化に適応しにくい。　　（　　）

✓ Check

↳ **2** 有性生殖は，配偶子の接合による生殖であり，遺伝的に多様な個体が生じる。

④ 新個体が親と異なる遺伝的性質をもつので，多様な個体が生じ，環境の変化に適応しやすい。（　　　）

□ **3** 次の文章中の（　）に適する語句または数字を答えなさい。

減数分裂において，染色体数が $2n$ のとき，第一分裂後に（①　　　　），第二分裂後に（②　　　　　）となる。ヒトでは $2n=46$ なので，減数分裂により配偶子の遺伝子の組み合わせは約（③　　　　　）万通り以上となる（$2^{10} \fallingdotseq 10^3$ とする）。さらに受精によって，その（④　　　　　）倍の数となる。その結果，膨大な数の遺伝子の多様性が生じる。

↵ **3** 配偶子が形成されるときは，1個の母細胞から4個の娘細胞が生じる。

□ **4** 右図はアセトアルデヒド脱水素酵素の遺伝子が存在する染色体とその形質を表したものである。

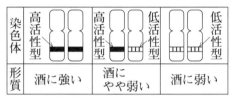

染色体	高活性型	高活性型		低活性型		低活性型
形質	酒に強い	酒にやや弱い		酒に弱い		

(1) 「高活性型」や「低活性型」などの遺伝子が染色体の一部を占めるが，この遺伝子の位置を何というか。（　　　　　　）

(2) 「高活性型」と「低活性型」のように同じ遺伝子の位置に存在するそれぞれの遺伝子を何というか。（　　　　　　）

(3) 「酒に強い」や「酒に弱い」形質のように，同じ遺伝子が対になっている状態を何というか。（　　　　　　）

(4) 「酒にやや弱い」形質のように，異なる遺伝子が対になっている状態を何というか。（　　　　　　）

↵ **4** 遺伝子座に同じ遺伝子が存在している状態を**ホモ接合**，異なる遺伝子が存在している状態を**ヘテロ接合**という。

□ **5** 右図は，減数分裂のある時期のものである。次の問いに答えなさい。

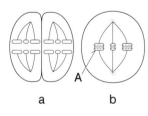

a　　　b

(1) 図中の**A**のように，相同染色体が対合した染色体の名称を答えよ。（　　　　　　）

(2) この細胞の減数分裂前の染色体数（$2n$）は，何本か。（　　　　　）

(3) 減数分裂の観察には，どの材料を用いればよいか。

ア　ウニの受精卵　　イ　タマネギの根の先端

ウ　ムラサキツユクサの若いつぼみのおしべの毛

エ　ムラサキツユクサの若いつぼみのおしべのやく（　　　　）

↵ **5** 減数分裂は生殖細胞を形成するときに起こる。

③ 遺伝情報の変化

解答▸別冊P.2

POINTS

1 突然変異

DNAの損傷の修復や複製時の誤りによって塩基配列が変化すること。

① **置換**…DNAの塩基配列の中の塩基が別の塩基に置き換わり，コドンが変化する変異。指定するアミノ酸が変化する場合(ミスセンス突然変異)と変化しない場合がある。また，終止コドンが生じる場合(ナンセンス突然変異)もある。

② **欠失**…DNAの塩基配列の中の塩基が失われる変異。欠失部以降のコドンがすべてずれる(**フレームシフト突然変異**)のでタンパク質の立体構造は大きく変化する。

③ **挿入**…DNAの塩基配列の中に新しい塩基が加わる変異。欠失と同じく**フレームシフト突然変異**が起こる。

2 突然変異による影響

突然変異により形質が変化すると，多くの場合は生存に不利となる。しかし，生存に有利になったり，あまり影響を与えたりしない突然変異の場合は，変異が子孫に受け継がれる。

▶**鎌状赤血球貧血症**(かまじょうせっけっきゅうひんけつしょう)…ヘモグロビン遺伝子のある1つの塩基が置換し，コドンが変化してアミノ酸がグルタミン酸からバリンに変化する。その結果，ヘモグロビンの立体構造が変化して赤血球が鎌状になり，貧血症状を呈する。通常は生存に不利であるが，マラリアにかかりにくくなる。

3 ゲノムの多様性

同じ種の中でもゲノム上の同じ位置に異なった塩基配列が多数存在している。

DNA上の塩基配列の特定の領域で，個体間において，1塩基のみの塩基配列の違いを，特に**一塩基多型**(いちえんきたけい)(SNP)という。また，特定の塩基配列の繰り返し回数が個体間において異なる場合もある。これらは，ヒトなどの生物の遺伝的多様性の原因となっている。

□ **1** 次の図中の［　　］の中に適当な語句を記入しなさい。

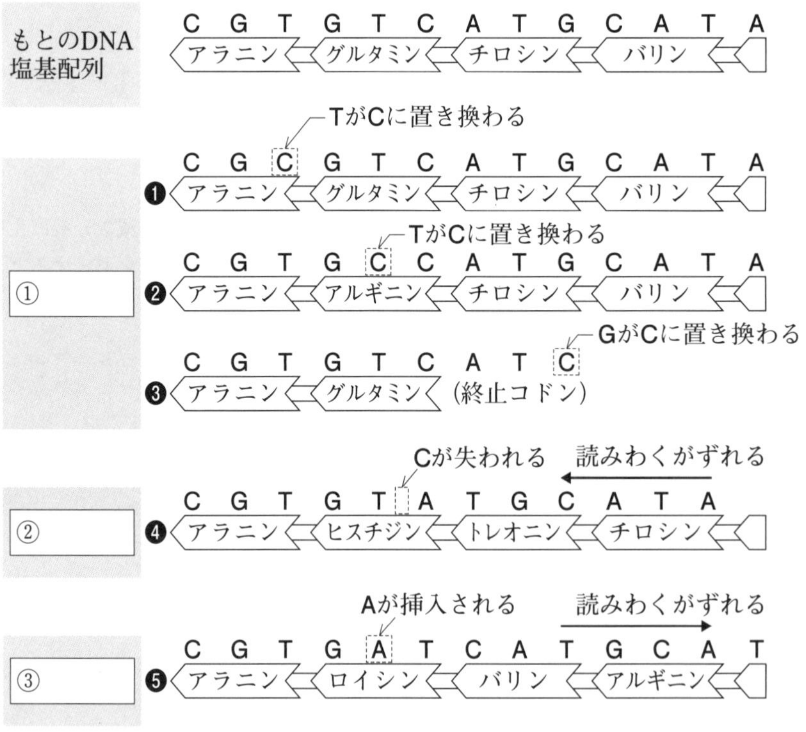

❶1塩基が①するが，アミノ酸配列に変化は［④　　　］。

❷アミノ酸が1つ変化する。

❸［⑤　　　］が生じ，以降のアミノ酸配列が生じない。

❹，❺1塩基の②・③によって，以降のアミノ酸配列が大きく変化する。

□ **2**　次の文の①〜⑤の（　）に適する語句を答えなさい。

　ヒトの顔や背丈は人それぞれである。これは個人個人の DNA の違いが，発現するタンパク質の違いとして現れるからである。DNA の違いの中でも一塩基のみが変化したものを（①　　　　　　　　）という。（①）のような DNA の違いは塩基配列が変化する（②　　　　　　　）によって生じる。（②）には塩基が置き換わる（③　　　　　　　），塩基が失われる（④　　　　　　　），余分な塩基が加わる（⑤　　　　　　　）などがある。

□ **3**　アフリカに赤血球の形状が変化する病気がある。これについて，次の問いに答えなさい。

(1)　何という病気か。　　　　　　　　（　　　　　　　　　　）

(2)　原因は置換，欠失，挿入いずれの突然変異か。（　　　　　　）

(3)　この病は生存に不利だが，別のある病気に強くなるという利点がある。それは何という病気か。　　　　（　　　　　　　　）

□ **4**　大腸菌のある酵素の 172 番目〜 176 番目のアミノ酸配列は以下のようであった。これについて，右の遺伝暗号表の一部を見て，あとの問いに答えなさい。

	172	173	174	175	176
野生株	チロシン UAC	トレオニン ACC	チロシン UAU	ロイシン UUG	ロイシン CUG

　突然変異体を作成し，調べると，以下のように変化していた。なお，突然変異は 1 塩基の挿入や欠失によって生じたものとする。

突然変異体 **A**：チロシン　アスパラギン　ロイシン　フェニルアラニン　アラニン

突然変異体 **B**：チロシン　トレオニン　フェニルアラニン　システイン　システイン

(1)　突然変異体 **A** におきた突然変異を推測し，それぞれのアミノ酸に対応するコドンを書き出せ。

チロシン（　　　　　　　）－アスパラギン（　　　　　　　　）－ロイシン（　　　　　　　）－フェニルアラニン（　　　　　　　）－アラニン（　　　　　　　）

(2)　突然変異体 **B** におきた突然変異を推測し，176 番目のアミノ酸がシステインになるための条件を 20 字以内で説明せよ。

（　　　　　　　　　　　　　　　　　　　　　　　　　　　　　　）

〔群馬大一改〕

◆**Check**

↳ **2**　一塩基多型は DNA 鑑定にも用いられる。一塩基多型は個人のパーソナルデータといってもよい。

↳ **3**　鎌状になった赤血球には蚊を媒介して感染するマラリア病原虫が寄生できず，病気に対する耐性ができる。

アスパラギン	AAU AAC
ロイシン	UUA UUG CUU CUC CUA CUG
フェニルアラニン	UUU UUC
アラニン	GCU GCC GCA GCG
トレオニン	ACU ACC ACA ACG
システイン	UGU UGC

↳ **4**　(2) 174 番目のチロシンがフェニルアラニンに変化するのは，チロシンのコドン UAU の A が欠損した場合だけである。

④ 連鎖と組換え

解答▶別冊P.2

🖉 POINTS

1 遺伝子の独立と連鎖

右の場合，$A(a)$ と $D(d)$ のように，遺伝子が異なる染色体上にある状態を**独立**，$A(a)$ と $B(b)$ のように，遺伝子が同一の染色体上にある状態を**連鎖**という。

2 乗換えと組換え

減数分裂で二価染色体が形成されるとき，右図のように相同染色体の一部が交換されることを**乗換え**という。その結果，

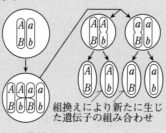

組換えにより新たに生じた遺伝子の組み合わせ

連鎖の組み合わせが変わることを**組換え**という。

3 組換え価

生じた全配偶子のうち，組換えを起こした配偶子の数の割合を**組換え価**という。

組換え価〔％〕

$$= \frac{\text{組換えを起こした配偶子の数}}{\text{配偶子の総数}} \times 100$$

組換え価は連鎖している遺伝子間の距離にほぼ比例しており，組換え価が大きいほど遺伝子間の距離は遠いと考えられる。連鎖と組換えを調べる方法の1つに，潜性ホモ接合体(aa)と交配させて（検定交雑），得られる子の表現型の分離比を調べる方法がある。

□ **1** 次の図中の□の中に適当な記号を記入しなさい。

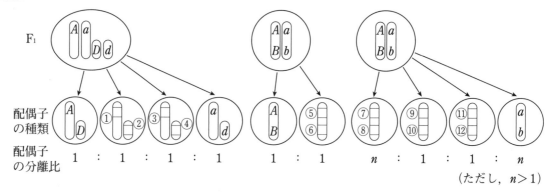

（ただし，$n>1$）

□ **2** 組換え価について，次の問いに答えなさい。

◆Check

↪ **2** 組換え価〔％〕＝

$\frac{\text{組換えを起こした配偶子の数}}{\text{配偶子の数}} \times 100$

$10\% = \frac{1}{10} \times 100$

$= \frac{1}{9+1} \times 100$

(1) 遺伝子型が $AABB$ の個体と $aabb$ の個体を P（親）として交雑し，得た F_1（P の子）がつくる配偶子の遺伝子型とその数は次のとおりであった。このときの組換え価〔％〕を求めよ。

$AB : Ab : aB : ab = 386 : 131 : 119 : 364$

（　　　　　　）

(2) 遺伝子型が $AAbb$ の個体と $aaBB$ の個体を P として交雑し，得た F_1 の組換え価が 10 ％であった。F_1 がつくる配偶子の遺伝子型の比を求めよ。

$AB : Ab : aB : ab = ($　　　$:$　　　$:$　　　$:$　　　$)$

3 遺伝子 A, B, C, D は同一染色体上にある。A と B, B と C, C と D, A と C, B と D の間の組換え価は順に 6 %, 13 %, 16 %, 7 %, 3 % だった。図は遺伝子間の距離を表した染色体地図であり, 1 目盛りは組換え価 1 % を表す。

↰ **3** 図を用いて, B を基準に距離をとり, ほかの遺伝子間の距離を調べる。

(1) 遺伝子 A および D の位置は, ①〜⑤のいずれであるか。

① C ② ③ ④ B ⑤
+++++++++++++++++++++++

A (　　　)　D (　　　)

(2) 遺伝子 $A - D$ 間の組換え価を求めよ。 (　　　)

4 スイートピーで, 紫花(遺伝子 B)と赤花(遺伝子 b), 長花粉(遺伝子 L)と丸花粉(遺伝子 l)の 2 組はそれぞれ対立遺伝子である。また, B と L(b と l)は連鎖している。P が紫花・長花粉($BBLL$)と赤花・丸花粉($bbll$)のとき, 次の問いに答えなさい。

↰ **4** (2)完全連鎖の場合, B と L, b と l は同じ配偶子に入る。
(4)不完全連鎖の場合, B と l, b と L の組換えが起こる確率を**組換え価**から求める。親の遺伝子型を見てもとの形を考える。

(1) F_1 の表現型を答えよ。 (　　　　　　)

(2) 連鎖が完全であるとしたら, F_1 がつくる配偶子の遺伝子型とその分離比を答えよ。

(　　　　　　　　　　)

(3) (2)の F_1 が自家受精した場合に生じる F_2 の表現型とその分離比を答えよ。

(　　　　　　　　　　)

(4) F_1 の連鎖が完全でなく, 組換え価が 20 % であった。この F_1 がつくる配偶子の遺伝子型とその分離比を答えよ。

(　　　　　　　　　　)

(5) (4)の F_1 が自家受精した場合に生じる F_2 の表現型とその分離比を答えよ。

(　　　　　　　　　　)

5 ショウジョウバエの形質で, 正常体色(B)は黒体色(b)に対し, また正常翅(V)は痕跡翅(v)に対して顕性である。今, 正常体色・正常翅の個体と黒体色・痕跡翅の個体を P として F_1 を得た。この F_1 に黒体色・痕跡翅の個体を交雑したところ, その子の分離比は 正常体色・正常翅:正常体色・痕跡翅:黒体色・正常翅:黒体色・痕跡翅=5024:982:1018:4976 となった。

↰ **5** 検定交雑によって F_1 がつくる配偶子の遺伝子型を調べることができる。

(1) 下線部のような交雑を何というか。 (　　　　)

(2) 組換え価を小数第二位を四捨五入して小数第一位まで求めよ。

(　　　　)

⑤ 進化のしくみ

✎ POINTS

1 生物の進化のしくみ……**突然変異**による遺伝子構造の変化，**自然選択・地理的隔離・遺伝的浮動**による遺伝子頻度の変化，**生殖的隔離**によって進化が起こり，また種が分化する。

① **突然変異**…DNA の塩基配列が変化する**遺伝子突然変異**と，染色体構造や数が変化する**染色体突然変異**がある。

② **自然選択**…生存に有利な形質をもつ個体が生き残り，より多くの個体を多く残すこと。自然選択の結果，特定の生物集団が環境に適応していくことを**適応進化**という。

③ **地理的隔離**…地殻変動などにより，ひとつの生物集団がいくつかの集団にわかれ，集団間で自由な交配が行えなくなること。

④ **生殖的隔離**…地理的隔離の結果，長い年月の間に大きな遺伝的変化が起こり，交配ができなくなること。

⑤ **遺伝的浮動**…対立遺伝子間で自然選択とは無関係に，集団内の遺伝子頻度が偶然によって変化すること。

⑥ **分子進化**…DNA の塩基配列やタンパク質のアミノ酸配列の変化など，分子内に見られる変化。ほとんどは自然選択に対して有利でも不利でもない中立な突然変異が多い。（**中立説**）

⑦ **ハーディ・ワインベルグの法則**…ある個体群において，特定の条件が整う集団において，その集団の対立遺伝子の遺伝子頻度は世代を経ても変化しない。

□ **1** 次の図中の □ の中に入る適当な語句を語群から選んで，記入しなさい。

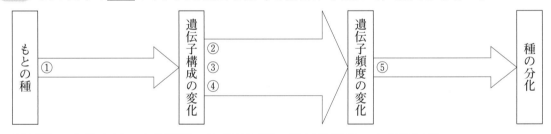

〔語群〕 突然変異・自然選択・地理的隔離・遺伝的浮動・生殖的隔離

□ **2** 次の文の①〜⑧の（ ）に適する語句を答えなさい。

現代の進化説につながる考え方は（① ）によって提唱された自然選択説である。これは，生存に有利な変異をもつものが生き残り，その形質が子孫に（② ）するという考え方である。しかし，この説だけではさまざまな矛盾が生じるため，一般的には次のように考えられている。まず（③ ）に突然変異が起こり，変化が生じる。それが自然選択によって集団内に広がる。また，偶然に遺伝子頻度が変化する（④ ）が起こる。さらに，大陸が移動したりするなど，（⑤ ）が起こり，集団が分断される。結果，

✔ Check

↳ **2** ●自然選択説
  →ダーウィン
●用不用説
  →ラマルク
●突然変異説
  →ド・フリース
●隔離説
  →ワグナー
●中立説
  →木村資生

自然状態での交配ができなくなった集団が，それぞれ自然選択や（⑤）により独自の進化をし，形態的にも生理的にも異なるようになり，交配ができなくなる。このことを（⑥　　　　　　）といい，新しい種が形成されたことになる。しかし，種内での（⑦　　　　　　）の説明はできるが，卵生が胎生に変わるなど（⑧　　　　　　）を説明することはできず，まだ明らかになっていない点も多く残されている。

□ **3** 右表は4種類の動物の間でヘモグロビンα鎖のアミノ酸配列を比較し，それぞれの間で異なるアミノ酸の数を示したものである。次の問いに答えなさい。

コイ	イモリ	ウシ	ヒト	
—	74	65	68	コイ
74	—	64	62	イモリ
65	64	—	17	ウシ
68	62	17	—	ヒト

(1) 表をもとに図のように系統樹を描いた場合，a〜dに入る動物はそれぞれ何と考えられるか。ただし，Pは表中の動物の共通の祖先動物を示す。

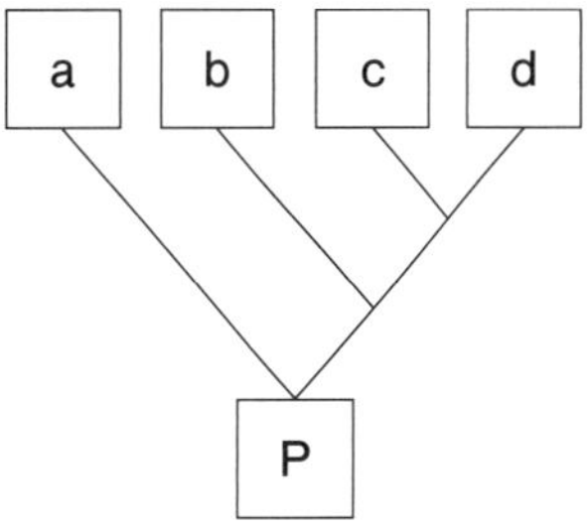

a（　　　　　） b（　　　　　）
c（　　　　　） d（　　　　　）

(2) ウシとイモリの祖先はおよそ3.2億年前に分かれたと仮定すると，系統樹からヘモグロビンα鎖の1つのアミノ酸が別のアミノ酸に変異するのに，およそ何年必要と考えられるか。　　　　　　（　　　　　　　）年

(3) (2)の結果より，共通の祖先動物Pからコイ，イモリ，ウシ，ヒトの祖先動物が分かれたのは，約何年前と考えられるか。

約（　　　　　　　）年前

↳ **3** 異なるアミノ酸の数が少ないほど，系統が近い。

□ **4** ある生物の集団において，特定の対立遺伝子Aとaについて，Aの遺伝子頻度をp，aの遺伝子頻度をq（$p+q=1$）としたとき，次の問いに答えなさい。

(1) 遺伝子型AA，Aa，aaの頻度をp，qを使って示せ。

AA（　　　　　） Aa（　　　　　） aa（　　　　　）

(2) この集団の個体数が1000個体であり，Aの遺伝子頻度が0.7のとき，遺伝子型AA，Aa，aaの各個体数を答えよ。

AA（　　　　　） Aa（　　　　　） aa（　　　　　）

(3) ある条件下では，世代にわたって遺伝子頻度の変化が起こらないことが知られている。この法則を何というか。

（　　　　　　　　）

↳ **4**

		精子の遺伝子型	
		pA	qa
卵の遺伝子型	pA	p^2AA	$pqAa$
	qa	$pqAa$	q^2aa

⑥ 生物の系統 ①

解答▶別冊P.4

✎ POINTS

1 分類の階層……階層の大きい順にドメイン・界・門・綱・目・科・属・種になる。

2 二名法……種の学名は，生物の種名を属名と種小名の組合せで表記する。

例 ウメ（和名）*Prunus*（属名）*mume*（種小名）

3 生物の分類体系

① **3ドメイン説**…すべての生物を，細菌（バクテリア）ドメイン，アーキア（古細菌）ドメイン，真核生物ドメインの3つに分ける説。

▶**ドメイン**…リボソームRNAの塩基配列を用いて，様々な生物の系統関係を調べ

た結果を踏まえて提唱された分類階級。

② **細菌ドメイン**…大腸菌や乳酸菌，シアノバクテリアなど，多くの原核生物が含まれる。

③ **アーキアドメイン**…原核生物のうち，細菌よりも真核生物に近縁である。極限環境下で生活するものが多いが，水中や土壌中などに普通に見られるものもある。

④ **真核生物ドメイン**…真核細胞をもつ生物が含まれる。動物，植物，菌類，原生生物など。

□ **1** 次の図中の ☐ に入る適当な語句を記入しなさい。

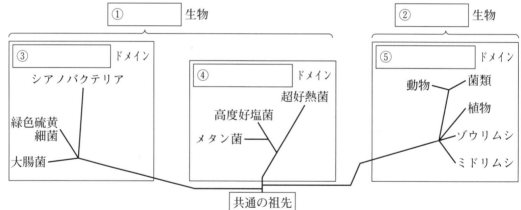

□ **2** 次の説明文に最も適する生物名を語群から選び，答えなさい。

(1) 原核細胞からなる独立栄養の細菌 （　　　　　）

(2) 真核の単細胞からなる従属栄養生物 （　　　　　）

(3) 光合成を行う原生生物 （　　　　　）

(4) 通常は無性生殖だが，環境が変化すると接合胞子のう（せつごうほうし）を形成する。 （　　　　　）

(5) 維管束をもち，種子をつくる。 （　　　　　）

(6) 菌類の仲間で，一般に出芽によって増殖する。（　　　　　）

〔語群〕 紅色硫黄細菌（こうしょくいおうさいきん） クモノスカビ サクラ アメーバ
褐藻類（かっそうるい） 酵母菌（こうぼきん）

✔Check

↳ **2** 藻類は光合成を行う多細胞生物だが，体のつくりが単純なので原生生物界に分類される。

□ **3** 次の文章を読み，問いに答えなさい。

「分類学の父」といわれる（①　　　　　　）（スウェーデン）は，生物分類の基本単位は<u>種</u>であると説いた。また，（①）は生物の名前を学名で表すことを確立した。現代の分類学でも，種が基本単位となっており，形質がよく似たものを（②　　　　），さらに共通な特徴をもつものを（③　　　　）としてまとめ，しだいに高次になる順に（④　　　　）・（⑤　　　　）・（⑥　　　　），（⑦　　　　）となっている。また 1977 年にはアメリカのウーズが分子時計の手法を用いて（⑦）よりも上位の分類として（⑧　　　　　　）とよばれる考え方を提唱し，現代分類学の最大上位階層となっている。

(1) 文中の①〜⑧の（　）に適する語句を答えよ。

(2) 雌ウマと雄ロバの雑種はラバとよばれており，正常な生殖能力をもっていない。下線部の種の定義に従うと，ウマとロバは同種かそれとも別種か。判断理由である下の文章の（　）に適する語句を入れ答えよ。

　種の定義は，（①　　　　　）した形態的・生理的な特徴をもつ個体の集まりで，同種内では自然状態での（②　　　　）が可能であり，（③　　　　　　）をもつ子孫をつくることができることであり，ラバは生殖能力をもっていないので（④　　　　）であると判断できる。

↳ **3** 種の定義は，
①生殖を行う。
②子どもを残せる。
③共通した特徴をもっている。
である。

□ **4** 次の文章を読んで，あとの問いに答えなさい。

rRNA の塩基配列をもとにすると，生物を（①　　　　　）ドメインと（②　　　　　　）ドメインと（③　　　　　　）ドメインに分類することができる。（①）は原核生物から（②）を除いたものであり，（②）は（①）よりも（③）に近縁である。（③）の細胞には，細胞小器官がある。

(1) 上の文章中の空欄に適する語句を書きなさい。

(2) 次の a 〜 c の生物は，上の文章中の①〜③のいずれに含まれるか，答えなさい。

　　a　メタン菌　　b　酵母菌　　c　大腸菌

　　　　　　　a（　　　）b（　　　）c（　　　）

↳ **4** 3ドメイン説では，rRNA の塩基配列で分類する。

⑦ 生物の系統 ②

✎ POINTS

1 真核生物ドメイン……以下の生物が分類される。

① **原生生物**…植物，菌類，動物に属さない真核生物は，原生生物としてまとめられる。ゾウリムシなどの原生動物，モジホコリなどの変性菌，ミズカビなどの卵菌，ワカメなどの藻類など。

② **植物**…光合成によって有機物を生産する。シダ植物，コケ植物は胞子で，種子植物は種子で殖える。

③ **菌類**…他の生物の遺体を分解してエネルギーを取り出している。シイタケなどの担子菌類，酵母などの子のう菌類，グロムス菌類，接合菌類，ツボカビ類など。

④ **動物**…古くは体腔の有無や胚葉の数などの発生様式により分類されてきたが，分子系統学的解析の結果，DNAの塩基配列による新たな系統関係が明らかになってきている。

2 ヒトの出現と進化

① **霊長類の特徴**…多くの霊長類の手足は5本指で，親指が他の指と向かい合う**拇指対向性**をもつ。顔の前面に眼が位置しているため，立体視ができる。また，他の哺乳類と比べて認識できる色の範囲が広いという特徴がある。

② **ヒトの出現と進化**…ヒトに近い生き物は大型の類人猿であり，最も近縁な動物はチンパンジーとボノボである。現生のヒト（ホモ・サピエンス）は，およそ30～20万年前にアフリカでくらしていた集団だと考えられている。

□ **1** 次の図中の □ の中に適当な植物の分類名を記入しなさい。

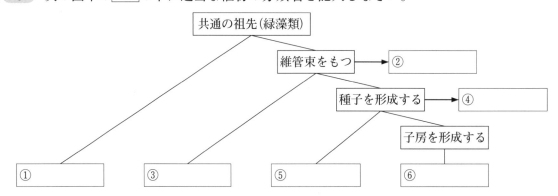

□ **2** 右の植物の生活環の図について，次の問いに答えなさい。

(1) 図中の①～④に入る語句を答えよ。ただし，②は雌性配偶子の，③は雄性配偶子の具体例を入れること。

①（　　　　）　②（　　　　）

③（　　　　）　④（　　　　）

(2) 受精と減数分裂が起こるのは**ア～カ**のどの時期か。記号で答えよ。

受精（　　　）　減数分裂（　　　）

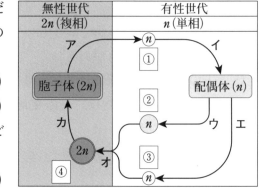

□ **3** 図中の①〜⑥には動物の分類名を，⑦〜⑫には説明文**ア**〜**カ**の適するものを選び記号で答えなさい。

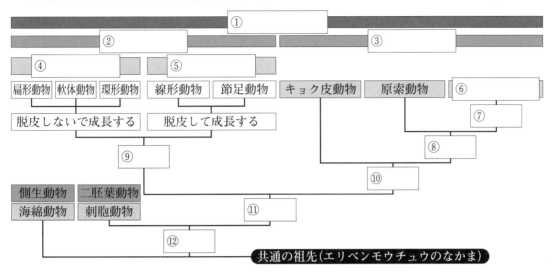

〔説明文〕

ア　内胚葉・外胚葉が分化する。

イ　原口に口ができる。

ウ　外胚葉・中胚葉・内胚葉が分化する。

エ　原口とは別の部分に口ができる。

オ　脊索を形成する。

カ　脊椎を形成する。

□ **4** 人類の進化について記述した文章について，空欄にあてはまる語を答えなさい。

　猿人とよばれる初期の人類は，約700万年前に（①　　　　　）で誕生したと考えられている。彼らはすでに直立二足歩行をしていたとする説もある。約240万年前には，（②　　　　）とよばれる人類が出現した。（②）のからだは猿人より腕が長く，下肢が長くなっているという特徴があり，完全な二足歩行が確立したと考えられている。約60万年前には，（③　　　　）とよばれる，脳がさらに拡大した人類が出現した。そのうち，約30万年前に出現した（④　　　　　　　　　）という人類はヨーロッパや中近東に進出したが，その後絶滅した。現生のヒトの直系の祖先は，（⑤　　　　）とよばれ，約30〜20万年前にアフリカで誕生し，世界中に広がった。

✅ **Check**

↪ **4** 猿人，原人，旧人，新人は，系統としてつながっているわけではないことに注意する。

15

8 細胞の詳細な構造 ①

解答▶別冊P.4

📝 POINTS

1 細胞小器官……細胞内にある，特定のはたらきをする構造体を細胞小器官という。細胞小器官は電子顕微鏡で観察することができる。

① **核**…核膜，核小体，染色体を含む。

② **ミトコンドリア・葉緑体**…二重の膜をもつ。

③ **細胞膜**…リン脂質の二重層からできており，**チャネルやポンプ，輸送体(担体)**といった膜タンパク質が存在し，特定の物質を透過できる(**選択的透過性**)。膜タンパク質は細胞膜の中で移動できる(**流動モザイクモデル**)。

④ **小胞体とリボソーム**…タンパク質をリボソームで合成し，小胞体で蓄積する。リボソームが付着した小胞体を**粗面小胞体**，付着していない小胞体を**滑面小胞体**という。

⑤ **ゴルジ体**…一重の膜で，内部に物質を貯蔵し，分泌を含む物質の輸送に関与する。

⑥ **リソソーム**…異物や不要なタンパク質などの分解(オートファジー)に関わる。

⑦ **中心体**…微小管の起点で一対の中心小体からなる。細胞分裂の際には中心小体が細胞の両極に移動して紡錘糸形成を行う。

2 細胞骨格……細胞質基質にある，繊維状構造物を細胞骨格という。**アクチンフィラメント**は細胞質流動や細胞分裂に関係し，**中間径フィラメント**は細胞膜・核膜の内側に網目に張り巡り，膜の形を保っている。**微小管**はチューブリンというタンパク質からなり，べん毛・繊毛の運動や染色体分配の際の紡錘糸形成に関わっている。

□ **1** 次の図中の □ に適当な語句を記入しなさい。

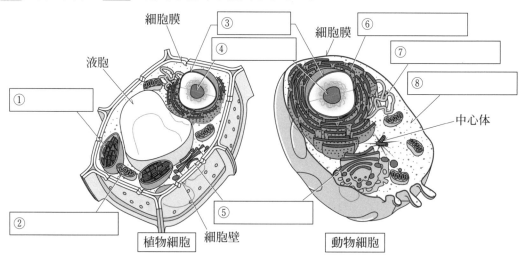

細胞膜　③　④　液胞　細胞膜　⑥　⑦　⑧　中心体　① ②　植物細胞　細胞壁　⑤　動物細胞

□ **2** タンパク質の分泌について，空欄に適する語句を答えなさい。

タンパク質は(① 　　　　　　)で合成され，小胞体に入る。(①)が多数付着した小胞体は(② 　　　　)小胞体ともよばれる。小胞体はその一部を小胞として分離し，(③ 　　　　　　)へ運ばれて濃縮される。次に(③)から分泌小胞が分離して

✅ Check

↳ **2** リボソームが付着していない小胞体は滑面小胞体と呼ばれる。

（④　　　　　　　）へ移動，融合するようにしてタンパク質を細胞外に放出する。これを（⑤　　　　　　　　）という。

（⑤）とは逆に，細胞膜から小胞が分離する，物質の取り込みを（⑥　　　　　　　　）という。

□ **3** 細胞膜は図のようなリン脂質で構成される。次の問いに答えなさい。

(1) 細胞膜の模式図を表しているのは次の**ア〜エ**のいずれか，記号で答えよ。　　　　　　　　　　　（　　　）

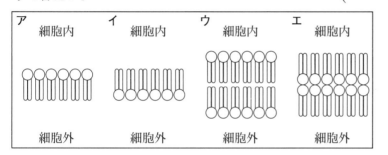

↳ **3** リン脂質の疎水性の部分（図中の**B**）は鎖状の脂肪酸で，親水性の部分（図中の**A**）はリン酸でできている。

(2) 細胞膜中にはタンパク質が存在し，様々な特定の物質を輸送する。この性質を何というか。　　（　　　　　　　　）

□ **4** 下の表の空欄にあてはまる単語を選択肢から全て選びなさい。ただし，同じ単語を何回使用しても構わない。

↳ **4** ケラチンは細胞だけでなく，組織の形の維持にもはたらく。

	タンパク質	機能
アクチンフィラメント	アクチン	(1)（　　　　）
中間径フィラメント	ケラチンなど	(2)（　　　　）
微小管	チューブリン	(3)（　　　　）

ア べん毛運動　　**イ** 膜の形の維持　　**ウ** 細胞質流動
エ 中心体を形成　　**オ** 細胞分裂

□ **5** 正しい語を丸で囲み，下の文章を完成させなさい。

(1) 核は脂質を含む①（一重膜・二重膜）で包まれている。

(2) 哺乳類のミトコンドリアは②（卵・精子）由来である。

(3) ゴルジ体は，③（一重膜・二重膜）で囲まれた細胞小器官で，細胞内で合成された物質を④（リソソーム・小胞）に包み，⑤（細胞膜・リソソーム）まで運び，細胞外に分泌する作用に関係している。

〔帝京大一改〕

↳ **5** 精子のミトコンドリアは受精後，消滅する。

⑨ 細胞の詳細な構造 ②

✎ POINTS

1 細胞接着……細胞どうしがタンパク質によって結合することを細胞接着という。細胞接着には次の3つの構造がある。

① **密着結合**…タンパク質によって細胞どうしが密着し，小さな分子でも通過できない構造を持つ結合。

② **固定結合**…カドヘリンやインテグリンなどの接着タンパク質と細胞骨格が結合して伸縮性や強度を高める結合。**接着結合**や**デスモソーム，ヘミデスモソーム**という構造がある。

③ **ギャップ結合**…筒状の構造のタンパク質で細胞どうしの細胞質をつなぐ構造。小さな分子を細胞間で通すことができる。

2 膜が変化する物質の輸送……大きな分子が細胞の内外へ移動するとき，細胞膜の分離や融合を伴う，次のような輸送が行われる。

① **エンドサイトーシス**…細胞膜の一部が陥入して，物質を細胞内に取り込む。

② **エキソサイトーシス**…細胞内の小胞が細胞膜と融合して，物質を細胞外に分泌する。

□ **1** 次の図中の□□に適当な語句を記入しなさい。

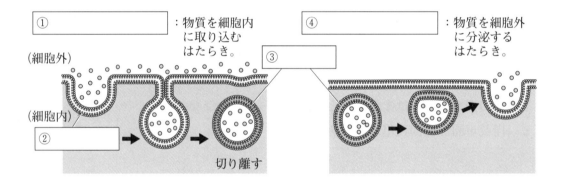

① □□□□ ：物質を細胞内に取り込むはたらき。

④ □□□□ ：物質を細胞外に分泌するはたらき。

③ □□□

（細胞外）

（細胞内）

② □□□□

切り離す

□ **2** 右図の上皮細胞の細胞接着について，次の問いに答えなさい。

(1) 小さな分子も通れないような結合は図の**ア〜エ**のどれか。また，何という結合か。

　　　　　（　　　，　　　）

(2) 細胞骨格と接着タンパク質が結合して，接着しているのは図の**ア〜エ**のどれか。2つ挙げよ。また，それぞれ何という結合か。

　　　（　　　，　　　）（　　　，　　　）

(3) 管状のタンパク質が細胞間で物質のやりとりをする接着は図の**ア〜エ**のどれか。また，何という結合か。

　　　　　　　　　　（　　　，　　　）

ア
ウ
イ
エ

✓ **Check**

↳ **2** 細胞接着に必要なカドヘリンは竹市雅俊らによって発見された。

(4) (2)の接着タンパク質は日本人が発見したタンパク質であるが，何というか。　（　　　　　　　　）

□ **3** 次の文章を読み，あとの問いに答えなさい。

　細胞膜は，細胞質を外界から隔てる役割を果たしている。また，単なる仕切りではなく物質の出入りの調節も行っている。細胞膜や細胞小器官の膜をまとめて<u>生体膜</u>といい，物質の輸送や細胞どうしの接着などに関与する様々なタンパク質が配置されている。

(1) 下線部に関連して，次の a ～ d のうち，内外 2 枚の生体膜で囲まれた細胞小器官の組み合わせとして最も適当なものを，下の**ア～カ**から 1 つ選べ。

a 核　　b 液胞　　c ゴルジ体　　d 葉緑体

ア a, b　**イ** a, c　**ウ** a, d　**エ** b, c

オ b, d　**カ** c, d 　　　　　　（　　　　　）〔センター試験－改〕

(2) 下線部に関する記述として誤っているものを 1 つ選び，記号で答えよ。

ア 生体膜に埋め込まれたタンパク質は，生体膜中を水平移動したり，回転したりできる。

イ 生体膜は水分子やアミノ酸は通しにくいが，酸素や二酸化炭素は通すことができる。

ウ リボソームは生体膜に覆われた構造体であり，タンパク質合成に関係する。

エ エンドサイトーシスでは，細胞外の溶けている物質だけでなく，細胞膜の表面に結合した物質も取り込まれる。

（　　　　　）〔鳥取大－改〕

□ **4** 次の文章の空欄に適する語句を入れなさい。

　多細胞生物において，細胞どうしの結合，あるいは細胞と細胞質基質との結合を（①　　　　　　　）というが，（ ① ）には，細胞どうしが隙間なく密着する密着結合や，管上のタンパク質によりイオンやアミノ酸などの小さな分子が 2 つの細胞の細胞質間で移動できる（②　　　　　　　）がある。細胞どうしの結合に関与している分子として（③　　　　　　　）がある。（ ③ ）にはいろいろな種類があり，同種の（ ③ ）は結合するが，異なる種類の（ ③ ）の間では結合は起こらない。　　〔東北大－改〕

↳ **3** 生体膜に埋め込まれた膜内在性タンパク質は，リン脂質のプールに浮かぶ浮き輪のように考えると良い。

↳ **4** カルシウムイオン（Ca^{2+}）によって，接着タンパク質の③は正しい立体構造をとり，同種の接着タンパク質どうしが結合する。

⑩ 生物体を構成する物質

解答▶別冊P.5

📝 POINTS

1 生物体の化学組成

① **水**…最も多く含まれており，細胞の約70％を占める。

② **無機塩類**…K，Na，Ca，Mg，Fe，Clなどが多くの場合，イオンという形で水に溶けている。

③ **有機物**…炭水化物，脂質，核酸，タンパク質などがある。どれも炭素（C），水素（H），酸素（O）を必ず含む。

▶**炭水化物**…生体のエネルギー源であり，植物の細胞壁の成分にもなる。炭水化物には1つの糖からなる**単糖（単糖類）**，単糖が2つ連なった**二糖（二糖類）**，単糖が多く連なった**多糖（多糖類）**がある。

▶**脂質**…脂質は**脂肪**，**リン脂質**などがあり，C，H，O以外に**リン（P）**を含む。脂肪は，1分子の**グリセリン**と3分子の**脂肪酸**からなる。リン脂質は，脂肪を構成する脂肪酸の1個が**リン酸**を含む分子になったもので，細胞膜の成分である。

▶**核酸**…DNAとRNAがあり，ヌクレオチドを構成単位とする。C，H，O以外にP，窒素（N）を含む。

2 タンパク質の基本構造

① **アミノ酸**…中心の炭素に**アミノ基（-NH₂）**，**カルボキシ基（-COOH）**，**水素（-H）**，**側鎖（-R）**が結合した構造をもつ。側鎖（-R）はアミノ酸の種類によって変化し，タンパク質を構成するアミノ酸は20種類である。C，H，O以外にN，硫黄（S）を含む。

② **ペプチド**…隣り合うアミノ酸のアミノ基とカルボキシ基間で**ペプチド結合（-CO-NH-）**がつくられる。ペプチド結合で鎖のように連なったものを**ポリペプチド**という。

③ **立体構造**…アミノ酸の配列のことを**一次構造**という。アミノ酸の種類と配列によって，ポリペプチド鎖は特徴的な立体構造（二次構造）をとり，タンパク質全体では複雑な立体構造（三次，四次構造）をとる。これによってタンパク質の性質・機能が決まる。

□ **1** 次の図中の□に適当な語句を記入しなさい。

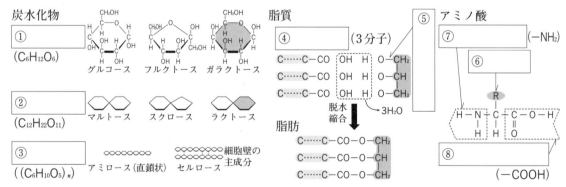

□ **2** 次の文の①〜③の（　）に適する語句を答えなさい。

生物の細胞を構成する成分は水を除くとほとんどが炭素を含む（①　　　　　）である。その中でもタンパク質は生体の機能と構造のすべてに関わる。タンパク質の基本単位は（②　　　　　）で，これらが（③　　　　　）結合をつくって鎖のようにつながる。

✔Check

↳ **2** アミノ酸が結合して鎖状になったものをポリペプチドという。

3 右図について，次の問いに答え
なさい。

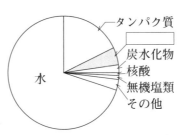

(1) 図は動物細胞，植物細胞いずれ
のものか。理由とともに答えよ。

細胞の種類（　　　　　　）

理由（　　　　　　　　　　　　　　）

(2) 空欄（くうらん）に入る有機物は何か。　　　　（　　　　　）

(3) 一般的な動物細胞の水の割合はどのくらいか。次から選べ。

ア 約50％　　**イ** 約70％　　**ウ** 約90％　　（　　　）

↳ **3** (1)植物細胞は細胞
壁が発達しているの
で，細胞壁の構成成
分である炭水化物が
多くなる。

4 次の表の①〜⑤の（　）に適する語句，元素記号を答えなさい。

物質	水	有機物					（①　　　）
		炭水化物	脂質	タンパク質	核酸	無機塩類	
構成元素	H，O	（②　　）	（③　　）	（④　　）	（⑤　　）	Na, K, Cl, Mg など	

↳ **4** 炭水化物の構成元
素は3つ。脂質の構
成元素は4つ。タン
パク質の構成元素は
5つ。核酸の構成元
素は5つ。

5 次の文を読み，あとの問いに答えなさい。

生物の基本単位は細胞である。a細胞を構成する物質には，タ
ンパク質，核酸，炭水化物，脂質，水，無機塩類などがある。タ
ンパク質，核酸，炭水化物，脂質のような炭素を含むものを（　①　）
という。（　①　）は水と二酸化炭素から（　②　）同化によりつくられ
る。動物はb炭水化物などをほかの生物から得ている。体内に取
り入れた物質は複雑な構造をしているため，動物はcより簡単な
物質に分解してからいろいろな過程に利用する。

(1) 空欄に適当な語句を記せ。　①（　　　　　）　②（　　　　　）

(2) 下線部 a について，細胞を構成する成分のうち水以外の成
分で最も多い成分と2番目に多い成分の組み合わせを，ヒト，
ホウレンソウそれぞれについて**ア〜カ**の中から選び，記号で答
えよ。　　　　　　　　ヒト（　　　）　ホウレンソウ（　　　）

	最も多い成分	2番目に多い成分		最も多い成分	2番目に多い成分
ア	タンパク質	脂質	**イ**	炭水化物	タンパク質
ウ	炭水化物	核酸	**エ**	タンパク質	炭水化物
オ	脂質	炭水化物	**カ**	タンパク質	核酸

(3) 下線部 b のような生物は何とよばれているか。

（　　　　　　　　　）

(4) 下線部 c の過程は何とよばれているか。　（　　　　　　　）

〔群馬大－改〕

↳ **5** (1)②光合成で進む
反応である。
(2)ヒトは動物なので，
水以外ではタンパク
質が最も多い。ホウ
レンソウは植物なの
で，水以外では細胞
壁の構成成分である
炭水化物が最も多い。
(3)対になる言葉は
『独立栄養生物』。独
立栄養生物は必要な
有機物をすべて，水
と無機物から合成で
きる。
(4)胃や腸で行われて
いる反応である。

⑪ 生命現象とタンパク質

解答 ▶別冊P.6

🖊 POINTS

1 タンパク質の立体構造

① **二次構造**…水素結合などにより，ポリペプチドは**αヘリックス構造**（らせん状），**βシート構造**（シート状）という構造をとる。

② **三次構造**…1本のポリペプチドが二次構造などを形成し，さらに折り畳まれてつくられる立体構造を**三次構造**という。システインの硫黄2つが結合して強固な**S-S結合**（ジスルフィド結合）をつくるものがあり，構造を安定化させる。

③ **四次構造**…多くのタンパク質は複数のポリペプチドが組み合わさって立体構造をとり，機能する。

2 タンパク質の種類

① 膜輸送に関わるタンパク質

▶**チャネル**…受動輸送を行う。イオンチャネルには電位依存性チャネル，リガンド依存性チャネルなどがある。

▶**ポンプ**…能動輸送を行う。ナトリウムポンプなど。

② 細胞内輸送と運動に関わるタンパク質

▶**モータータンパク質**…ATPのエネルギーを利用して，アクチンフィラメント上または微小管上を移動し，物質の輸送を行う。ミオシン，キネシン，ダイニン

③ 情報伝達に関わるタンパク質

▶**情報伝達物質と受容体**…ホルモンや神経伝達物質などを**情報伝達物質**といい，これらがタンパク質でできた**受容体**と結合することで，情報が伝えられる。

□ **1** 次の図中の□□に適当な語句を記入しなさい。ただし，実線はアミノ酸の配列を表している。

NH₂ ——————— COOH
① □□□□ 構造

② □□□□ 構造
NH₂ ～～～～～ COOH
③ □□□□ 構造   ④ □□□□ 構造

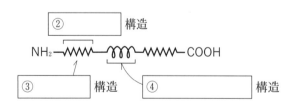

⑤ □□□□ 構造
NH₂ ～ COOH

COOH
NH₂
⑥ □□□□ 構造

□ **2** 次の文の①～③の（　）に適する語句を答えなさい。

タンパク質の形を決定するのはアミノ酸配列である。1本のポリペプチドはアミノ酸配列によってまずαヘリックス構造，βシート構造といった（①　　　　）構造をつくる。ポリペプチドはさらに折り畳まれ，（②　　　　）構造をつくる。タンパク質の中には三次構造をとった複数のポリペプチド鎖が組み合わさって（③　　　　）構造となるものがある。

✔ Check

↳ **2** タンパク質は決まった立体構造をもつため，特定の物質と反応することができる。

3 次の問いに答えなさい。

(1) アクチンフィラメントや微小管（細胞骨格）上を移動し，物質の輸送を行うタンパク質を何というか。

（　　　　　　　　　　）

(2) (1)のうち，微小管上を移動するものを2つ答えよ。

（　　　　　）（　　　　　）

(3) (1)のうち，アクチンフィラメント上を移動するものを答えよ。

（　　　　　　　　）

(4) (1)の移動によって，植物細胞内の葉緑体などが動くことを何というか。

（　　　　　　　）

↪ **3** 細胞小器官の移動は，生きた細胞で見ることができる。

4 次の文章を読み，あとの問いに答えなさい。

生体膜はリン脂質の二重層とタンパク質から構成されている。脂質層はイオンや親水性の分子を透過させにくい性質をもっているが，a これらの透過しにくい分子の多くは，生体膜に存在するタンパク質を介して膜を通過する。例えば，細胞内に必要とされる物質のうち，最も多く存在する水分子は細胞膜の脂質層部分を通過しにくいため，（①　　　　　　　　）とよばれる膜タンパク質を通って細胞の内外に浸透することが知られている。

動物細胞の細胞膜に存在するナトリウムポンプは，b（②　　　　　　　）の加水分解反応によって取り出されるエネルギーを利用してナトリウムイオンを細胞外へ排出するとともに，（③　　　　　　　）イオンを細胞内に取り込む。一方，細胞膜には c（③）イオンを自由に通過させるチャネルタンパク質も存在する。そのため，取り込まれた（③）イオンは細胞外へ自由に出ていくことができる。

(1) 空欄①〜③にあてはまる最も適切な語句を答えなさい。

(2) 下線部 a のように，生体膜がもつ，特定の物質だけを透過させる性質を何というか，答えなさい。　（　　　　　　　）

(3) 下線部 b の現象は物質の濃度勾配に逆らって起こり，下線部 c の現象は物質の濃度勾配にしたがって起こると考えられる。このような物質移動の様式を何というか，最も適切な語句をそれぞれ漢字4字で答えなさい。

b（　　　　　）　c（　　　　　）〔神戸大一改〕

↪ **4** 濃度勾配に逆らって輸送するポンプでは，エネルギーを用いている。

⑫ 酵 素 ①

解答▶別冊P.7

📎 POINTS

1 酵素……酵素は，生体内の反応を促進する**触媒**である。酵素が作用する相手を**基質**という。酵素には基質と結合する**活性部位**があり，酵素と基質が結合して**酵素-基質複合体**を形成する。1種類の酵素のはたらく基質は決まっている（**基質特異性**）。

2 酵素反応の速度

① **温度とpH**…酵素には反応速度が最も上がる温度やpHがあり，それぞれ**最適温度，最適pH**とよぶ。酵素はタンパク質でできているので，温度やpHが大きく変化すると立体構造が変化して活性が弱まる（**変性**）。完全に活性が無くなることを**失活**とよぶ。

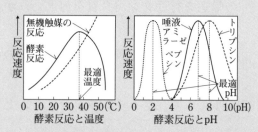

② **濃度と反応速度**…反応速度は基質と酵素の濃度によっても変化する。基質濃度が一定の場合，酵素濃度が高いほど反応速度がはやくなる。酵素濃度が一定の場合，基質濃度が高いほど最終的な生成物の量が多くなる。

□ **1** 次の図中の□に適当な語句を記入しなさい。

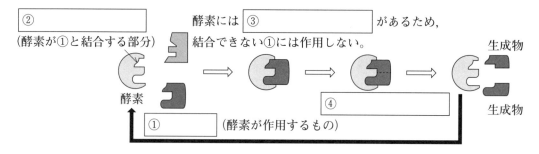

□ **2** 次の文の（ ）に適する語句を答えなさい。

ある酵素がはたらく基質は決まっており，その性質を（① ）とよぶ。これは酵素の（② ）に一致する基質しか結合しないためである。

✓Check

↳ **2** 酵素の作用を受ける物質を基質という。

□ **3** 次の文章を読んで，あとの問いに答えなさい。

ₐ生物のからだの中で起こる多くの化学反応には，酵素のはたらきが関与している。化学反応の前後で，それ自身は変化せずに反応速度を上げる物質を（① ）というが，生体内の（ ① ）である酵素にはいくつか特徴がある。酵素の特徴の一つとして，ₑ酵素反応はpHの変化により影響を受ける。例えば，アミラー

ゼは中性でよくはたらき，ペプシンは（②　　　　　）でよくはたらくことが知られている。

(1) 文中の空欄にあてはまる適当な語を入れよ。

(2) 下線部 a について，酵素が直接関与しない現象を次から2つ選べ。

　ア　サトウキビの道管の中を水が移動する。

　イ　ウシの肝臓片を過酸化水素水に加えると，酸素が発生する。

　ウ　アサガオの葉の気孔から二酸化炭素が取り込まれる。

　エ　キンギョの筋肉で酸素が消費される。

　オ　ヒトの肝臓でエタノールが分解される。

　　　　　　　　　　　　　　　　（　　　）（　　　）

(3) 下線部 b について，酵素反応が pH の影響を受けるのはなぜか。理由を答えよ。

（　　　　　　　　　　　　　　　　　　　　　　　　　　　）

↳ 3 (2)酵素は化学反応に関わるので，選択肢の中で化学反応が起こっていないものを選べばよい。
(3)酵素反応は活性部位に基質が結合して起こるので，活性部位の形（立体構造）が変化すると反応が起こらない。酵素はタンパク質でできているので，pH の影響を受ける。

□ 4 次の文章を読んで，あとの問いに答えなさい。

酵素反応では，ある温度以上になると反応速度が低下する。このため反応速度が最大となる温度がみられ，この温度を（①　　　　　）とよぶ。あるタンパク質分解酵素について（ ① ）を調べる実験を行った。十分な量のタンパク質に酵素を加え，生成したタンパク質分解物の量を反応温度と反応時間を変化させて測定した。この実験結果を図に示す。

(1) 文中の①にあてはまる適当な語を入れなさい。

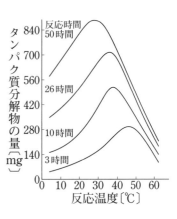

(2) タンパク質分解物が最も多く生成した反応温度と反応時間の組み合わせを図に示した結果から答えなさい。

　　　　　　温度（　　　　　　）　時間（　　　　　）

↳ 4 タンパク質は熱に弱い。

(3) 反応温度が 60℃ の場合，長時間反応させてもタンパク質分解物の量は大きく増えない。それはなぜか，理由を答えなさい。

（　　　　　　　　　　　　　　　　　　　　　　　　　　　）

〔金沢大－改〕

⑬ 酵 素 ②

解答 ▶ 別冊P.7

📝 POINTS

1 阻害物質と反応速度

① **阻害物質**…酵素と結合してはたらきを低下させる物質を，その酵素の阻害物質という。

② **競争的阻害**…基質とよく似た立体構造の物質が酵素の活性部位に結合して反応を妨げること。活性部位との結合が基質との競争になるので，基質濃度が阻害物質より十分に高いと阻害効果は少ない。

③ **非競争的阻害**…酵素の活性部位以外の部位に結合し，酵素の立体構造を変化させて酵素活性を下げること。基質濃度に関わらず，酵素と結合するので，基質濃度の影響を受けない。

2 アロステリック酵素……酵素が活性部位以外の部位で特定の物質と結合すると，活性に変化がある酵素のこと。フィードバックや非競争的阻害といった現象に関わる。

3 フィードバック……複数の酵素反応によってつくられる生成物が，途中の酵素反応を阻害または逆に促進して，反応量を調節することを**フィードバック**という。

4 補酵素……酵素の中には，酵素がはたらくためにタンパク質以外の低分子の物質が必要な場合がある。このような物質のうち遊離しやすいものを**補酵素**という。

□ **1** 次の図中の□□に適当な語句を記入しなさい。

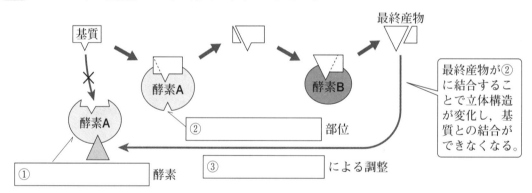

最終産物が②に結合することで立体構造が変化し，基質との結合ができなくなる。

□ **2** 酵素濃度が一定で基質濃度を変えたときの酵素の反応速度を調べると，下の表のようになった。これについて，次の問いに答えなさい。

✅ Check

2 阻害物質が競争的阻害か非競争的阻害かはグラフの形状を見て判断する。

基質濃度（ミリ mol/L）	0	10	20	50	100
酵素の反応速度（ミリ mol/L・秒）（阻害物質あり）	0	2.7	4.8	7.8	9.6
酵素の反応速度（ミリ mol/L・秒）（阻害物質なし）	0	5.4	7.5	9.3	9.6

(1) 表の数値をもとにグラフを描きなさい。

(2) (1)で書いたグラフについて説明した次の文中から，適する語句を選び，丸をつけなさい。

　基質濃度が高くなると，阻害物質の効果が①（大きくなる・小さくなる・変わらない）。これは阻害物質と基質が②（競争的・非競争的）に③（活性部位・アロステリック部位）に結合するからである。

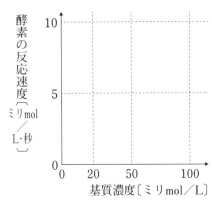

(3) (1)(2)から，使用した阻害物質が，競争的阻害物質か非競争的阻害物質か答えよ。　　（　　　　　　　　　　　）

□ **3** 酵素が触媒する化学反応では，基質が酵素の活性部位に結合することによって生成物がつくられる。次の①〜④の条件で実験を行ったときに得られるグラフとして最も適切なグラフを，下の**ア〜カ**から選べ。なお，反応は酵素の最適温度で行われた。

① 酵素量が一定であるときの反応時間（横軸）と生成物量（縦軸）の関係。ある基質濃度の場合を実線で，基質濃度を2倍にした場合を破線で描いた。

② 基質量が一定であるときの反応時間（横軸）と生成物量（縦軸）の関係。ある酵素濃度の場合を実線で，酵素濃度を2倍にした場合を破線で描いた。

③ 酵素量が一定であるときの基質濃度（横軸）と反応速度（縦軸）の関係。競争的阻害を示す物質を加えない場合を実線で，一定の濃度で加えた場合を破線で描いた。

④ 酵素量が一定であるときの基質濃度（横軸）と反応速度（縦軸）の関係。非競争的阻害を示す物質を加えない場合を実線で，酵素濃度よりも低い一定の濃度で加えた場合を破線で描いた。

↳ **3** グラフを読み取るとき，縦軸と横軸が何を表しているかが重要である。自分でグラフを描いてみると分かりやすい。

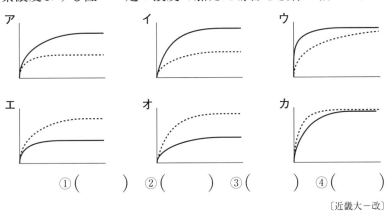

①（　　　　） ②（　　　　） ③（　　　　） ④（　　　　）

〔近畿大─改〕

⑭代　謝　①　同化

解答▸別冊P.8

📝 POINTS

1 光合成

① **光合成色素**…チラコイド膜上のクロロフィルやカロテノイド等の光合成色素が光エネルギーを吸収する。光合成色素の，光の波長ごとの吸収度合を**吸収スペクトル**で表し，光の波長と光合成速度の関係を**作用スペクトル**で表す。

② **電子伝達**…チラコイド膜に存在する**光化学系Ⅰ**，**光化学系Ⅱ**は光合成色素を含むタンパク質複合体で，光を吸収して光化学反応を起こす。その結果，高いエネルギーをもつ電子がタンパク質酵素間や補酵素間に伝達され，そのエネルギーによりチラコイド膜を挟みH^+の濃度勾配が生じる。

③ **ATP合成**…電子伝達で生じた濃度勾配に従って，チラコイド膜の**ATP合成酵素**内をH^+が受動輸送される。このとき，ATPが合成される。これを**光リン酸化**という。

④ **ストロマでの反応**…二酸化炭素は**ルビスコ**（リブロース1，5-ビスリン酸カルボキシラーゼ/オキシゲナーゼ）によって**PGA**に合成される。

2 光合成細菌
……原核生物で，葉緑体をもたず，光化学系タンパク質をもって光合成する細菌。**シアノバクテリア**はクロロフィルをもち，水を利用するが，**緑色硫黄細菌**，**紅色硫黄細菌**はバクテリオクロロフィルという色素で光を吸収し，**硫化水素**を利用する。

3 化学合成
……化合物の分解時に生じるエネルギーで有機物をつくる反応。化学合成する細菌を**化学合成細菌**という。**硝化細菌**，**硫黄細菌**などが知られている。

□ **1** 次の図中の◻に適当な語句を記入しなさい。

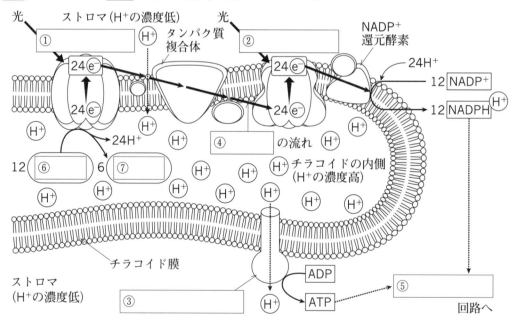

□ **2** 次の文の①～③の（　）に適する語句を答えなさい。

二酸化炭素は，チラコイド膜でつくられた（①　　　　　）のエネルギーとNADPHの還元力を用いてつくられた有機物と結合したあと，（②　　　　　）になる。このときはたらく酵素を

（③　　　　　　　）といって，地球上で最も多いタンパク質といわれている。

□ **3**　次の各化学反応の式を完成させなさい。

① シアノバクテリアの光合成

（$6CO_2+12H_2O+$光エネルギー → 　　　　　$+6H_2O+6O_2$）

② 緑色硫黄細菌の光合成

（$6CO_2+$　　　　$+$光エネルギー → $C_6H_{12}O_6+6H_2O+$　　　　）

③ 亜硝酸菌がエネルギーを得る反応

（　　　　　　$+3O_2$ →　　　　　$+2H_2O+4H^++$エネルギー）

④ 硝酸菌がエネルギーを得る反応

（　　　　　　　　$+O_2$ →　　　　　　$+$エネルギー）

□ **4**　葉緑体は光合成に必要な成分である（ ① ）を含んでいる。（ ① ）は分子の中央に（ ② ）をもっている。緑色植物の_a_（ ① ）は緑色光をほとんど吸収せず，赤色光や青紫色光を強く吸収する。葉緑体が緑色に見えるのはそのためである。葉緑体には，外膜，内膜，（ ③ ）膜の３種類の膜があり，葉緑体を膜間部分，（ ③ ），（ ④ ）に区分している。

　葉緑体で行われる光合成には，主に（ ③ ）で起こる反応と（ ④ ）で起こる反応とがある。前者は光エネルギーの吸収，（ ⑤ ）の分解，（ ⑥ ）の合成の過程を含む。（ ⑥ ）の合成は（ ③ ）膜を挟んだ（ ⑦ ）の濃度勾配が原動力となって生じる。後者では，前者で生成した（ ⑥ ）と還元型補酵素が作用し，_b_CO_2から単純な構造の炭水化物が合成される。

(1) ①〜⑦にあてはまる適切な語句を記せ。

①（　　　　　　）　②（　　　　　　　）　③（　　　　　　　）

④（　　　　　　）　⑤（　　　　　　　）　⑥（　　　　　　　）

⑦（　　　　　　）

(2) 下線部 **a** について（ ① ）の吸収スペクトルはどれか。右の**ア**〜**エ**から最も適当なものを１つ選べ。　　　　（　　　）

(3) 下線部 **b** の反応を含む代謝経路の名称を記せ。（　　　　　　　　　）

〔群馬大－改〕

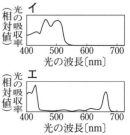

⮡ **2** カルビン（・ベンソン）回路の最も重要な反応である，二酸化炭素の固定に関わる酵素は覚えておこう。

⮡ **3** 緑色硫黄細菌は水の代わりに**硫化水素**から電子を得る。
　亜硝酸菌は亜硝酸をつくる。硝酸菌は硝酸をつくる。亜硝酸や硝酸は，土中ではイオンで存在している。

⮡ **4** クロロフィルに含まれる金属原子の元素記号は『Mg』である。紫色の光の波長は 400 nm くらい，赤色の光の波長は 700 nm くらいである。

✓Check

⑮ 代　謝 ②　　異化

解答▶別冊P.8

📝 POINTS

1 異化……複雑な物質を単純な物質に分解すること。

① **グルコースを基質とする呼吸**…解糖系・クエン酸回路・電子伝達系からなる反応。
$$C_6H_{12}O_6(グルコース)+6O_2+6H_2O$$
$$\longrightarrow 6CO_2+12H_2O$$
$$+エネルギー(最大 38ATP)$$

▶**解糖系**…細胞質基質で起こる，グルコースをピルビン酸に分解する反応。
$$C_6H_{12}O_6+2NAD^+ \longrightarrow 2C_3H_4O_3$$
(ピルビン酸)$+2(NADH+H^+)+$エネルギー(2ATP)

▶**クエン酸回路**…ミトコンドリアのマトリックスで起こる反応。
$$2C_3H_4O_3+6H_2O+8NAD^++2FAD \longrightarrow$$
$$6CO_2+8(NADH+H^+)+2FADH_2+エ$$
ネルギー(2ATP)

▶**電子伝達系**…解糖系やクエン酸回路で生じた $NADH$ や $FADH_2$ が酸化されて，H^+ の濃度勾配ができ，**ATP 合成酵素**を通じて ATP が合成される。この合成を**酸化的リン酸化**という。

② **その他の呼吸**…酸素を使わずに ATP を合成する反応。発酵や筋肉での解糖などをさす。

▶**アルコール発酵**…$C_6H_{12}O_6(グルコース)$
$$\longrightarrow 2C_2H_5OH(アルコール)+2CO_2+$$
エネルギー(2ATP)

▶**乳酸発酵**…$C_6H_{12}O_6(グルコース) \longrightarrow$
$$2C_3H_6O_3(乳酸)+エネルギー(2ATP)$$

2 呼吸基質と呼吸商……呼吸によって分解される炭水化物，脂肪，タンパク質などを**呼吸基質**といい，呼吸で発生した CO_2 と消費された O_2 の体積の比を**呼吸商**という。

□ **1**　次の図中の□□□の中に適当な語句を記入しなさい。

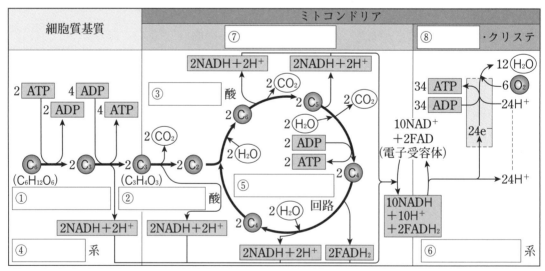

□ **2**　次の文の①〜⑤の(　)に適する語句を答えなさい。

細胞は呼吸により，有機物からエネルギーを取り出す。呼吸のうち酸素を利用する呼吸は解糖系・(①　　　　　　　　)・電子伝達系からなる反応である。解糖系は(②　　　　　　　　)で

進み，（①）と電子伝達系は細胞小器官である（③　　　　　）で進む。電子伝達系によって（③）の内膜に存在する（④　　　　　　　　）を通じてATPが合成される。電子伝達系では酸化によってATPと水が生成されるので，このATP合成を（⑤　　　　　　　　）という。

☐ **3** 次の問いに答えなさい。

(1) 細胞呼吸によってグルコース（$C_6H_{12}O_6$）が完全に分解されるときの反応をまとめると次のようになる。①に適当な物質の化学式を，②に適当な数字を入れて完成させなさい。

$$C_6H_{12}O_6 + 6H_2O + 6（①　　　　　）$$
$$\rightarrow 6CO_2 + （②　　　）H_2O + エネルギー$$

(2) 1 mol のグルコースが完全に酸化・分解されたとき，2880kJのエネルギーが発生する。1molのATPの合成に必要な化学エネルギーが50.4kJとすると，1分子のグルコースから最大何分子のATPが生じるか，計算式とともに答えなさい。解答は，小数点第一位を四捨五入して整数で答えなさい。

（　　　　　　　　　　　　　　　）〔金沢大－改〕

☐ **4** 次の文を読み，あとの問いに答えなさい。

呼吸には，呼吸基質の分解に酸素を利用する呼吸や，酵母菌が行う（　　）や，乳酸菌が行う乳酸発酵などがある。

(1) 本文中の空欄に入る最も適切な語句を記せ。

（　　　　　　　　　　　　　　　）

(2) 下線部について，真核生物では呼吸の反応過程は3つの段階に分けられる。表はグルコースを呼吸基質としたときの各段階の名称，細胞内で反応が起こる場所および反応式をまとめたものである。空欄に入る最も適切な語句，分子式，数字を入れよ。

名称	反応が起こる場所	反応式
解糖系	細胞質基質	$C_6H_{12}O_6 + 2NAD^+ \longrightarrow 2C_3H_4O_3 + 2NADH + 2H^+ + 2ATP$
（①　　　）	ミトコンドリアの（②　　　）	$2C_3H_4O_3 + 6（③　　　　）+ 8NAD^+ + 2FAD \longrightarrow$ $6（④　　　）+ 8（⑤　　　　）+ 8H^+ + 2FADH_2 +$ （⑥　　　）ATP
（⑦　　　）	ミトコンドリアの（⑧　　　）	$10（⑨　　　　）+ 2FADH_2 + 10H^+ + 6（⑩　　　　）$ $\longrightarrow 10NAD^+ + 2FAD + 12（⑪　　　）+（⑫　　　）ATP$

(3) (2)の表の $C_3H_4O_3$ で示される化合物の名称を記せ。

（　　　　　　　　　　　　　　　）〔東京農工大－改〕

☑ **Check**

↳ **2** 酸素を利用する呼吸のクエン酸回路は，ピルビン酸のもつエネルギーを段階的に取り出す反応である。

↳ **3** 実際の細胞呼吸では，1分子のグルコースから38分子のATPが生じる。

↳ **4** (1)酸素のない条件下での呼吸には筋肉における解糖，アルコール発酵や乳酸発酵などがある。
(2)グルコースを基質とする呼吸の3段階の反応はしっかり反応式から理解すること。

第1章　第2章　第3章　第4章　第5章

31

⑯ DNA の複製

解答▶別冊P.9

POINTS

1 DNA の構造と半保存的複製

① **DNA と染色体**…真核生物の核内の DNA は，**ヒストン**とよばれる円盤状のタンパク質に巻き付き**ヌクレオソーム**を形成している。それらが整列して大きな染色体を形成する。

② **二重らせん構造**…DNA は二本鎖が二重らせん構造をとっている。DNA が複製される際には二本鎖が分かれ，それぞれを鋳型として新しい DNA の鎖が合成される。つまり二本鎖は古い鎖と新しい鎖からなる。これを**半保存的複製**とよび，**メセルソンとスタール**が証明した。

2 DNA 複製のしくみ

DNA には方向があり，**5' 末端**と **3' 末端**が

ある。二本鎖は 5' 末端→3' 末端が逆向きに並んでおり，複製の際には 5' 末端→3' 末端に向かって新しい鎖が合成される。そのため，複製が行われる際，3' 末端の古い鎖を鋳型にする場合には，新しい鎖は 5' 末端から連続的に合成される。これを**リーディング鎖**とよぶ。一方，5' 末端の古い鎖を鋳型にする場合は，新しい鎖（**岡崎フラグメント**）が断片的につくられ，不連続に複製される。これを**ラギング鎖**とよぶ。

▶**岡崎フラグメントの合成**…岡崎フラグメントが合成されるには**プライマー**と呼ばれる短い RNA 断片が鋳型 DNA に結合して起点となる。岡崎フラグメントは **DNAリガーゼ**によってつながれる。

□ **1** 次の図中の □ に適当な語句を記入しなさい。

```
3' TACCGGGACACCTACGCGGAGGACGGGGACGA CCGCGA    鋳型となる
5' ATGGCCCTGTGGATGCGCCTCCTGCCCCT 3'              ヌクレオチド鎖
   ①         鎖    ②                              5' CGACCGGGAG

複製の方向 ⟹

   ③         鎖 ⑤              ⑥                  GCTGGCCCTC 3'
3' TACCGGGACA CCTACGCGGAG 5' 3' GACGA               DNAヘリカーゼ
5' ATGGCCCTGTGGATGCGCCTCCTGCCC CTGCT              鋳型となる
              ④                                    ヌクレオチド鎖
```

□ **2** 図は環状 DNA 複製の様子を表している。次の問いに答えなさい。

(1) 複製起点を図の**ア〜オ**から選んで答えなさい。複数あれば全て回答すること。　（　　　　）

(2) DNAヘリカーゼが結合した部位を図の**ア〜オ**から選んで答えなさい。複数あれば全て回答すること。

（　　　　）

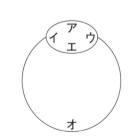

3 右の図は真核生物の染色体とDNAの関係を示している。これについて，次の問いに答えなさい。

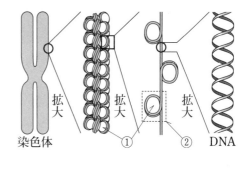

(1) ①は何というタンパク質か。

(　　　　　　　　)

(2) ①にDNAが巻き付いた②は何とよばれるか。

(　　　　　　　　)

(3) 真核生物の転写に必要な条件について，この図の染色体とDNAに関係することを述べよ。

(　　　　　　　　　　　　　　　　　　　　　　　　　　)

4 次の文章を読んで，あとの問いに答えなさい。

DNAの複製は複製起点において2本鎖の一部がほどかれて始まり，そこから両方向に向かって複製が起きる。新たなヌクレオチド鎖を合成する酵素は(①　　　　　　　　)である。(①)はある程度の長さをもつヌクレオチド鎖にのみ作用し，鎖を伸長させる。このため，DNAの複製ではまず別の酵素によって鋳型の塩基配列に相補的な配列をもつ短いヌクレオチド鎖が合成される。$_a$このような複製の開始点となるヌクレオチド鎖は(②　　　　　　　　)とよばれる。また，(①)は5' → 3' 方向にのみヌクレオチド鎖を伸長させることができるので，片方の鎖は連続的に，もう片方は不連続に合成される。連続的に合成される新生鎖を(③　　　　　　　　)，不連続に合成される新生鎖を(④　　　　　　　　)という。(④)では$_b$複数の短いヌクレオチド鎖(岡崎フラグメント)が5' → 3' 方向へ断続的に合成され，各々の岡崎フラグメントは最終的に(⑤　　　　　　　　)という酵素によりつながれる。

(1) 文中の①～⑤に適切な語句を入れよ。

(2) 下線部 **a** の文中の(②)の成分として適切なものはどれか。次のア～エより1つ選び記号で答えよ。　　(　　　)

ア　アミノ酸　　イ　RNA　　ウ　タンパク質　　エ　DNA

(3) 下線部 **b** について，図の領域ア～エにおいて岡崎フラグメントが合成される領域をすべて答えよ。　(　　　　　　　)〔高知大一改〕

✅Check

↳ **4** DNAポリメラーゼも RNAポリメラーゼも，5' → 3' 方向にヌクレオチド鎖が合成される。

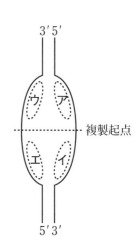

⓱ 転写・翻訳

✎ POINTS

1 転写……DNAを鋳型にRNAが合成される過程を**転写**という。転写はDNAの**プロモーター**とよばれる配列に**RNAポリメラーゼ**が結合して始まる。原核生物の転写は細胞質基質で行われるが，真核生物の転写は核内で行われる。

2 スプライシング……真核生物のDNAには，遺伝情報を含む**エキソン**とよばれる領域と遺伝情報を含まない**イントロン**とよばれる領域がある。転写されたRNAにはどちらも含まれるのでイントロンが除かれる。この編集作業を**スプライシング**とよぶ。同一の

RNAでも，どの部分を除くかで，異なるmRNAがつくられる場合もある。これを**選択的スプライシング**という。

原核生物ではスプライシングは行われない。

3 翻訳……塩基配列として存在していたDNAやRNA上の遺伝情報は，タンパク質のアミノ酸配列という形で**発現**する。

4 原核生物の転写と翻訳……原核生物にはスプライシングの過程が無いので，転写・翻訳が細胞質基質で連続して行われる。

□ **1** 次の図中の[　]に適当な語句を記入しなさい。

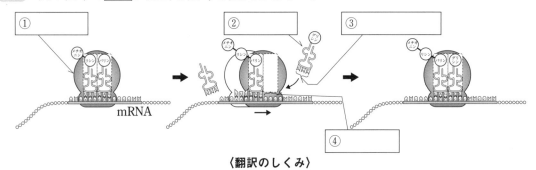

〈翻訳のしくみ〉

□ **2** 次の文の（　）に適する語句を答えなさい。

DNAに保存されている遺伝情報に基づいてタンパク質が合成されることを（① 　　　　　）という。遺伝子の（ ① ）過程は3段階に分けられる。まずDNAからmRNA前駆体がつくられる（② 　　　　　）が起こる。（ ② ）はDNAの（③ 　　　　　　　）とよばれる配列に（④ 　　　　　　　　　　　）が結合して始まる。次に，mRNA前駆体からmRNAが作られる編集過程を（⑤ 　　　　　　　　　）という。しかし，原核生物では（ ⑤ ）は行われない。また（ ⑤ ）において，同一のmRNA前駆体でも，どの部分を除くかで，異なるmRNAがつくられる場合もある。これを（⑥ 　　　　　　　　　　　　）という。最後にmRNAからタンパク質がつくられる過程を（⑦ 　　　　　　）という。

✅ Check

↳ **2** 転写→スプライシング→翻訳の流れは逆流することなく普遍的であると考えられてきた。この考えをセントラルドグマという。

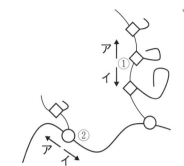

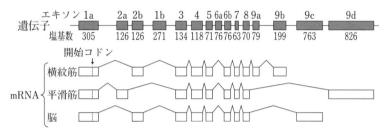

□ **3** 右図は原核生物の転写・翻訳を示している。次の問いに答えなさい。

(1) 図中の①，②を何というか。

①（　　　　　　　　　　　）

②（　　　　　　　　　　　）

(2) ①と②は**ア，イ**のいずれの方向に進むか。 ①（　　　） ②（　　　）

↳ **3** RNA の転写は 5′→3′ 方向に進む。タンパク質の翻訳は RNA の塩基配列の 5′→3′ 方向に進む。

□ **4** 真核細胞において，核内で DNA から転写された mRNA 前駆体の多くはスプライシングを受ける。ₐスプライシングが起こる位置や組み合わせは一意に決まっているわけではなく，細胞の種類や状態などによって変化する場合がある。これを選択的スプライシングとよぶ。例えば，ᵦ哺乳類の α-トロポミオシン遺伝子は，1a から 9d まで多くのエキソンをもつが，発現する部位によって様々なパターンの選択的スプライシングを受け(図)，これによってつくられるタンパク質のポリペプチド鎖の長さやアミノ酸配列も変化する(表)。

〔**図**〕α-トロポミオシン遺伝子の選択的スプライシングの例
（白い四角部分はエキソンを表し，山型の実線はスプライシングにより除去される領域を表す。）

横紋筋	平滑筋	脳
284 アミノ酸	284 アミノ酸	281 アミノ酸

〔**表**〕各発現部位における α-トロポミオシンタンパク質のポリペプチド鎖の長さ

(1) 下線部 **a** について，異なる塩基配列の6つのエキソン(エキソン1〜6とよぶ)をもつ遺伝子があるとする。エキソン1とエキソン6は必ず使用されるが，エキソン2〜5がそれぞれ使用されるかスキップされるかはランダムに決まるとすると，理論上，合計で何種類の mRNA がつくられるか答えよ。ただし，スプライシングの際にエキソンの順番は変わらず，エキソンとイントロンの境目の位置は変わらないものとする。（　　　　　　　）

(2) 下線部 **b** について，α-トロポミオシン mRNA の開始コドンは図に示す通り，エキソン 1a の 192〜194 塩基目に存在する。図と表の情報から平滑筋で発現している α-トロポミオシン mRNA 上の終止コドンは，どのエキソンの何塩基目から何塩基目に存在すると考えられるか。（　　　　　　　　）〔東京大−改〕

↳ **4** (1)エキソン2〜5のうち，1つのみ使用される場合もあり，4つとも使用される場合もある。
(2)タンパク質のポリペプチドの長さからコードする塩基対の長さを求める事ができる。開始コドンはその長さに含まれるが，終止コドンは含まれないことに注意する。

⑱ 遺伝情報の発現調節

✎ POINTS

1 遺伝子の発現と調節

遺伝子の発現調節に関わるタンパク質を**調節タンパク質**，調節タンパク質の遺伝子を**調節遺伝子**という。転写はDNAの**プロモーター**とよばれる部位にRNAポリメラーゼが結合して開始するが，調節タンパク質はこのプロモーター周辺にある**転写調節領域**と結合して作用する。

2 原核生物の転写調節

原核生物の転写調節領域は特に**オペレーター**という。1つのプロモーターとそのオペレーターによって調節される複数の遺伝子群のまとまりを**オペロン**という。

▶**ラクトースオペロン**…大腸菌はラクトースの代謝に関わる遺伝子群（ラクトースオペロン）をもっている。ラクトースがない

ときは調節タンパク質（リプレッサー）がオペレーターに結合し，RNAポリメラーゼがプロモーターに結合するのを阻害する。しかし，グルコースがなく，ラクトースがあるときには，調節タンパク質がオペレーターから離れ，転写が行われて，ラクトースを吸収・分解できるようになる。

3 真核生物の転写調節

真核生物のDNAはヒストンとともに密に折り畳まれた**クロマチン繊維**という構造をしており，ほどけている部分で転写が行われる。ユスリカなどの唾腺染色体のパフはクロマチン繊維がほどかれた一例である。また，真核生物の転写はプロモーターに**基本転写因子**が結合することで，RNAポリメラーゼがプロモーターに結合し，開始される。

□ **1** 次の図中の□の中に適当な語句を記入しなさい。

❶ラクトースがないとき

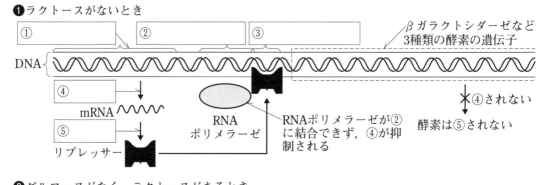

❷グルコースがなく，ラクトースがあるとき

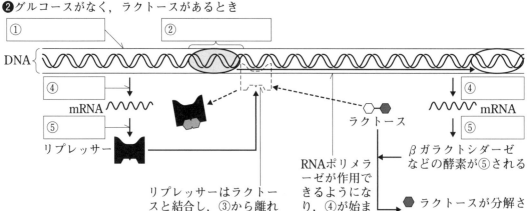

□ **2** 次の文の①〜⑤の（　）に適する語句を答えなさい。

　真核生物は原核生物と異なり，DNA が核内に納められている。DNA は（①　　　　　　　　）というタンパク質に巻きついて，（②　　　　　　　　　）繊維という構造をとる。そのため，転写が行われるには（ ② ）繊維がほどかれなくてはならない。ユスリカの（③　　　　　　　　　）上のパフとよばれるふくらみは，DNA がほどかれたものである。

　DNA がほどかれただけでは転写は行われない。RNA ポリメラーゼとともに（④　　　　　　　　　）などの調節タンパク質が転写される遺伝子の直前にある（⑤　　　　　　　　　）に複合体をつくってはじめて転写が行われる。

✎ **2** 真核生物の転写は単純に RNA ポリメラーゼが結合しても始まらない。基本転写因子をはじめとする多くの調節タンパク質が複合体をつくる必要がある。

□ **3** 右図はラクトースオペロンの模式図である。これについて，次の問いに答えなさい。

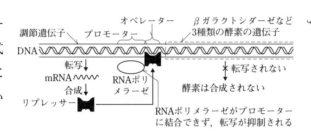

(1) 図はラクトースが存在する条件か，存在しない条件か。

（　　　　　　　　　　　）

(2) RNA ポリメラーゼが転写を始めるには，どうなればよいか。

（　　　　　　　　　　　　　　　　　　　）

✎ **3** RNA ポリメラーゼはオペレーターに結合した調節タンパク質に阻害されて転写できない。調節タンパク質にラクトースの代謝物が結合するとオペレーターからはずれる。

□ **4** 下図は真核生物の遺伝子発現を表したものである。図の説明文中の①〜③にあてはまる語句を答えなさい。また，説明文には誤った語句が1か所ある。その語句と正しい語句を答えなさい。

〔**図の説明文**〕細胞内の（ ① ）の発現量が上昇すると，（ ① ）が遺伝子の左側にある（ ② ）領域に結合し，さらに（ ③ ）に結合している基本転写因子および RNA ポリメラーゼと複合体を形成することで，翻訳が開始される。

①（　　　　　　　　）　②（　　　　　　　　）

③（　　　　　　　）

誤（　　　　）→正（　　　　）

✎ **4** 調節タンパク質と結合するのは，転写調節領域である。RNA ポリメラーゼが結合するのはプロモーター。

⑲ 動物の発生

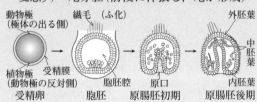

解答▶別冊P.11

📝 POINTS

1 動物の配偶子形成

精子は精巣，卵は卵巣ででき る。

「⇒」は減数分裂を表す。

a. 精原細胞　b. 一次精母細胞

c. 二次精母細胞

d. 精細胞　e. 精子

f. 卵原細胞　g. 一次卵母細胞

h. 二次卵母細胞　i. 第一極体

j. 卵　k. 第二極体

2 卵の種類と卵割

卵は細胞質と卵黄の量により等黄卵，端黄卵，心黄卵に分類される。また，それぞれ卵割（発生初期の細胞分裂。分裂後の細胞は割球という）の様式が異なり，等割，不等割，盤割，表割などがある。

3 発生の過程

卵割期（卵割で割球の数を増やす）→桑実胚→胞胚（胚の内部に胞胚腔ができる）→原腸胚（細胞が胞胚腔へ落ちこむ陥入がみられ，3つの胚葉【外胚葉：表皮系を形成　中胚葉：骨格・筋肉系を形成　内胚葉：呼吸・消化器系を形成】ができる）→神経胚（神経管ができる胚〔ウニでは神経胚にならず，幼生に変態〕）→尾芽胚（前後に伸張し，尾が形成）

□ **1** 次の図中の□の中に適当な語句を記入しなさい。

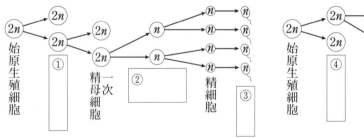

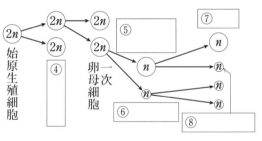

□ **2** 受精に関する次の文の①〜⑥の（ ）に適する語句を答えなさい。

ウニは，精子が卵の表面のゼリー層に達すると，頭部にある（①　　　）から突起を出し，頭部が卵内に入る。この一連の反応を（②　　　）という。両生類では，精子は（③　　　）半球に進入する。受精後，卵の表層が回転し，精子の進入点の反対側に（④　　　　　）ができる。（④）は将来（⑤　　　）側になる部分であり，（④）の反対側が（⑥　　　）側になる。

✓ Check

↳ **2** 精子の先端には，先体とよばれる細胞小器官があり，卵の膜などを溶かすさまざまな分解酵素が含まれている。

両生類の卵は，精子が進入した反対側に灰色三日月環が現れ，この部分が将来の背側となる。

□ **3** 卵の種類と卵割の様式を表にまとめた。空欄に入る適語を右下の語群より記号で選び，表を完成させなさい。

卵の種類	卵割の種類		動物種
（①）	全割	（④）	ウニ
（②）		不等割	（⑦）
心黄卵	（③）	（⑤）	ニワトリ
		（⑥）	（⑧）

ア 部分割　　イ 表割
ウ 等黄卵　　エ 等割
オ 端黄卵　　カ 盤割
キ ヒキガエル
ク ショウジョウバエ

①（　　）　②（　　）　③（　　）　④（　　）

⑤（　　）　⑥（　　）　⑦（　　）　⑧（　　）

↳ **3** 等黄卵：卵黄が細胞質中に均一に分布。
端黄卵：植物極側に多量の卵黄が分布。
心黄卵：卵黄が中心部に多く分布。昆虫など。

□ **4** 図はウニおよびカエルのいろいろな発生段階の模式図である。あとの問いに答えなさい。

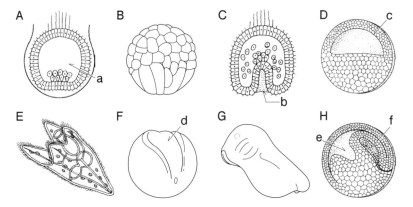

↳ **4** (1)ウニは原腸胚→幼生，カエルは原腸胚→神経胚→尾芽胚へと変化していく。
(2)・(3)神経胚の初期に，背側に神経溝が生じ，ここから神経管が形成される。
(4)網膜は神経管の一部が膨らんでできた眼杯から生じる。

(1) ウニおよびカエルの発生過程をそれぞれ発生の順に並べ，記号で答えよ。

ウニ（ **A** →　　　→　　　）

カエル（ **B** →　　　→　　　→　　　→　　　）

(2) 図**C**・**F**・**H**の各発生段階の名称を記せ。

　　C（　　　　）　**F**（　　　　）　**H**（　　　　）

(3) 図**A**〜**H**内の，**a**〜**f**の名称を記せ。

　　a（　　　　）　b（　　　　）

　　c（　　　　）　d（　　　　）

　　e（　　　　）　f（　　　　）

(4) 右図は**G**の断面図である。次の器官は，それぞれ**ア**〜**キ**のどの器官から分化したものか。

　　①目の網膜（　　　）　②肺（　　　）　③心臓（　　　）

⑳ 動物の発生のしくみ

📝 POINTS

1 予定運命

① **予定運命**…正常に発生が進行した場合，胚の各部位が，今後どのような組織や器官になるかということを予定運命という。

② **原基分布図(予定運命図)**…胚の予定運命を示した図。ドイツのフォークトが，イモリの初期原腸胚のどの部分がどの器官に分化するかを局所生体染色法を用いて調べ，示した。

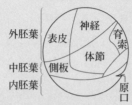

外胚葉　表皮　神経　背索　体節
中胚葉　側板
内胚葉　原口

2 誘導と形成体

① **誘導**…胚の中の細胞が，周囲の細胞群に対してはたらきかけ，細胞分化を促し，特定の器官を形成させるはたらきを**誘導**という。

▶**中胚葉誘導**…アフリカツメガエルでは，内胚葉になる植物極側の細胞が，外胚葉になる動物極側の細胞にはたらきかけることによって，中胚葉の細胞が形成される。これを**中胚葉誘導**という。

② **形成体(オーガナイザー)**…誘導を促すはたらきをもつ部分を**形成体(オーガナイザー)**という。

□ **1** 次の図中の□の中に適当な語句を記入しなさい。

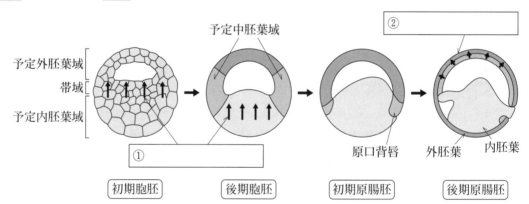

予定中胚葉域
②□
予定外胚葉域
帯域
予定内胚葉域
①□
原口背唇
外胚葉　内胚葉

初期胞胚　後期胞胚　初期原腸胚　後期原腸胚

□ **2** 発生のしくみに関する次の文の①〜③の(　)に適する語句を答えなさい。

イモリの交換移植実験により，(①　　　　　　　)は発生のしくみや予定運命の解明を行った。

(①)は卵の色が違う2種類のイモリの原腸胚を用いて，さまざまな移植実験を行った。その実験の中で原口背唇を移植片としたとき，胚のほかの部分に作用して一定の分化を起こさせることを発見した。この原口背唇のように近くの未分化の細胞群に作用して，特定の器官への分化を促す部分を(②　　　　　)といい，(②)のはたらきを(③　　　)という。

✅ Check

2 予定運命はシュペーマンの実験で明らかにされた。

□ **3** 右上図は，イモリの胞胚を3つ
の領域に切り分け，単独での培養を
表した模式図である。また，右下図
はAの領域とCの領域を組み合わ
せて培養させたものである。これに
ついて，次の問いに答えなさい。

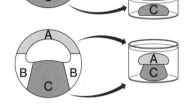

胞胚の断面図　　培養する

↳ **3** Aは予定外胚葉
域，Cは予定内胚葉
域である。

(1) 単独で培養したとき，A〜C
はどのような組織に分化するか。
次の**ア〜ウ**から選んで答えよ。

　ア　筋肉や脊索に分化する。

　イ　外胚葉性の組織に分化する。

　ウ　内胚葉性の組織に分化する。

　　　　　A (　　　　) B (　　　　) C (　　　　)

(2) AとCを組み合わせて培養したとき，Aはどのように分化
するか。(1)の**ア〜ウ**から選んで答えよ。　　(　　　　)

(3) (2)で見られる現象を何というか。　(　　　　)

□ **4** 下の図は，イモリの眼における誘導の連鎖を表したものであ
る。これについて，あとの問いに答えなさい。

↳ **4** 眼胞は「**眼胞→眼
杯→網膜**」と変化し
ていく。

脳　表皮　　　ア　　　　　　イ　　　　ウ　　　　エ

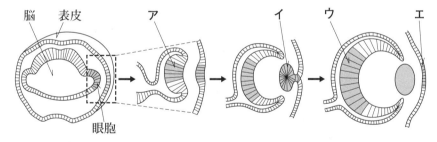

眼胞

(1) 上の図の**ア〜エ**に適する語を答えよ。

　　　　　ア(　　　　) イ(　　　　)
　　　　　ウ(　　　　) エ(　　　　)

(2) 下の表は，イモリの眼における誘導の連鎖をまとめたもので
ある。表中の①〜③に適する語を答えよ。

形成体	誘導
一次形成体…原口背唇	外胚葉→(①)
二次形成体…眼杯	表皮→(②)
三次形成体…水晶体	表皮→(③)

　　　　①(　　　　) ②(　　　　) ③(　　　　)

㉑ 発生を司る遺伝子

解答▶別冊P.12

✎ POINTS

1 アポトーシス

　動物の器官形成の過程では，決められた時期に決められた細胞が死んで失われていく**プログラム細胞死**が見られる。

プログラム細胞死のうち，細胞膜や細胞小器官が正常な形態を保ちながら染色体が凝集し，まわりの細胞に影響を与えず，細胞全体が萎縮し，断片化して死んでいくものをアポトーシスという。

〈アポトーシス〉　染色体の凝集

正常な細胞小器官　縮小した細胞　細胞の断片化

2 ホメオティック遺伝子

　生物の体の一部（体節）が別の部分に置き換わるような突然変異を**ホメオティック突然変異**という。これは，**ホメオティック遺伝子**によって支配されている。

　動物のホメオティック遺伝子の多くはよく似た塩基配列を含み，**ホメオボックス**と名付けられた。

3 幹細胞

　組織や器官の中には，分化する能力をもちながら分化せずに残っている細胞（幹細胞）があり，人工的に幹細胞をつくることもできる。胚由来の細胞を幹細胞にしたものを**ES細胞（胚性幹細胞）**という。また，体細胞に遺伝子を導入してつくられた幹細胞を**iPS細胞（人工多能性幹細胞）**という。

□ **1**　次の図は，ガードンの核移植実験を示したものである。図および文中の □ の中に適当な語句を記入しなさい。

① ［　　　　　］の核に ② ［　　　　　］を照射する。

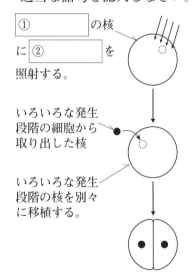
いろいろな発生段階の細胞から取り出した核

いろいろな発生段階の核を別々に移植する。

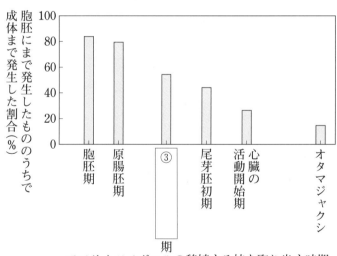
アフリカツメガエルの移植する核を取り出す時期

（縦軸）胚胚にまで発生したもののうちで成体まで発生した割合（％）

（横軸）胞胚期　原腸胚期　③［　　　　］期　尾芽胚初期　心臓の活動開始期　オタマジャクシ

この実験より，発生段階が進むごとに，（④　　　　　　　　）を維持する遺伝子が制御されることがわかった。

□ **2**　次の文の①〜③の（　）に適する語句を答えなさい。

　次ページの図のように，ヒトの手指・ニワトリの後肢・アヒルの水かきの形成では，細胞が死んで失われる部分が存在する。こ

のように，動物の器官形成では，決められた時期に決められた細胞が死んで失われる（①　　　　　　　　　　　）が見られる。

また，（　①　）の多くの場合，細胞膜や細胞小器官が正常な形態を保ちながらまわりの細胞に影響なく死んでいく細胞死が見られる。これを（②　　　　　　　　）といい，外傷などで細胞が物質を放出しながら死ぬ（③　　　　　）とは区別される。

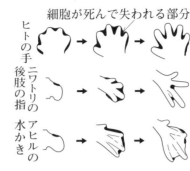

細胞が死んで失われる部分

ヒトの手

ニワトリの後肢の指

アヒルの水かき

Check

↳ **2** 外傷などが原因で起こる細胞死は壊死といい，器官形成時に起こる計画的な細胞死はアポトーシスという。

□ **3**　下図は，ショウジョウバエの突然変異体を示している。これについて，あとの問いに答えなさい。

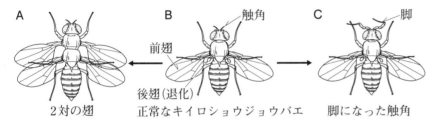

A　2対の翅

B　正常なキイロショウジョウバエ　前翅　触角　後翅(退化)

C　脚になった触角　脚

(1)　上図 **A**，**C** のように，体の一部が別の部分に置き換わるような突然変異を何というか。　（　　　　　　　　　　）

(2)　(1)の原因となる遺伝子を何というか。

（　　　　　　　　　　）

(3)　(2)は，ショウジョウバエ以外にもさまざまな動物で共通の塩基配列が見られた。この(2)の共通する塩基配列のことを何というか。　　　　　　　　　　（　　　　　　　　　　）

↳ **3** 体のある部分の特徴が別の部分に現れる突然変異をホメオティック突然変異といい，これはホメオティック遺伝子の欠損などが原因で引き起こされる。

□ **4**　次の(1)～(3)の問いに答えなさい。

(1)　未分化な細胞である幹細胞のように，すべての細胞に分化する能力を何というか。　　　　　　（　　　　　　　　　　）

(2)　幹細胞のうち，哺乳類の胚盤胞から取り出し，(1)をもったまま培養した細胞を何というか。　（　　　　　　　　　　）

(3)　日本の山中伸弥教授らは，体細胞に遺伝子を導入することで(1)をもつ細胞を作製した。この研究により山中教授は 2012 年にノーベル生理学・医学賞を受賞したが，この細胞を何というか。　　　　　　　　　　　　　　　（　　　　　　　　　　）

↳ **4** すべての細胞に分化できる能力を全能性という。

✎ POINTS

1 遺伝子組換え……遺伝子の新しい組み合わせをつくること。遺伝子を扱う技術には, 次のような様々なものがある。

① **制限酵素**…DNAの特定の塩基配列を識別して切断する酵素。何種類もあり, 酵素によって識別する塩基配列が異なる。

② **DNAリガーゼ**…切断したDNAをつなげる酵素。

③ **ベクター**…組換えたい遺伝子を細胞内に運ぶものを**ベクター**という。ウィルスや**プラスミド**(細菌の内部に存在する数千塩基対からなる環状DNAで細胞の内外に出入りする), **アグロバクテリウム**(植物に寄生する菌で, 植物細胞内にDNAを送り込む)などが使用される。

④ **PCR(Polymerase Chain Reaction)**…増やしたい塩基配列を含むDNA, 増やしたい塩基配列の両端と相補的なプライマー, DNAポリメラーゼ, 4種のヌクレオチ

ドを混合した溶液の温度だけを変えて, 特定のDNA領域を多量に複製する方法。

⑤ **電気泳動**…寒天などのゲル中にある電荷をもつ物質は電気を流すと移動する。DNAや特殊な処理をしたタンパク質は負の電荷をもつので, 電気泳動をすると, ゲル中では塩基対の数が多いほど泳動距離は短く, 少ないほど泳動距離が長くなる。そのため, 大きさで分離できる。

⑥ **抗生物質耐性マーカー**…プラスミドを用いて遺伝子導入を行う際に, 遺伝子が導入されたことを間接的に確かめるために使用される遺伝子。ベクターの導入する遺伝子の近くに抗生物質耐性遺伝子を組込むと, 組換え体に目的の遺伝子と抗生物質耐性遺伝子がともに導入される。そのため, 抗生物質を含む培地で培養すると, 正常に形質転換した個体のみが生育する。

□ **1** 次の図中の□□□に適当な語句を記入しなさい。

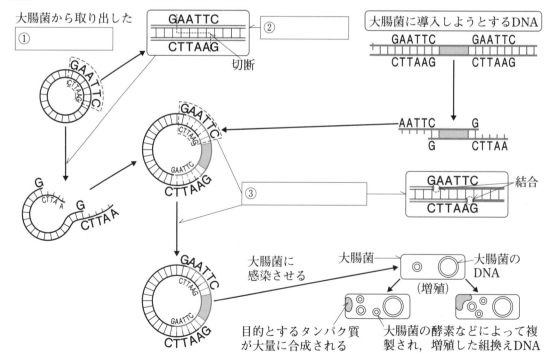

□ **2** 次の文の（　）に適する語句を答えなさい。

　遺伝子組換えには，（①　　　　　　　）という細胞内に遺伝子を運びこむ運搬体が必要になる。（　①　）は生物種によって異なり，例えば植物には細菌の一種である（②　　　　　　　　），大腸菌には数千塩基対からなる環状 DNA の（③　　　　　）が使用される。（　①　）には遺伝子工学によって必要な遺伝子が導入されている。そのためには DNA を切断する（④　　　　　）や DNA をつなぎ合わせる（⑤　　　　　　　）が用いられる。

✔ **Check**

↳ **2** 遺伝子組み換えが可能なのは，全ての生物がセントラルドグマという統一された遺伝子の発現様式をもち，同一の遺伝暗号表に基づいて翻訳が行われるからである。

□ **3** 右図は様々な長さの DNA を電気的に分離する実験手法である。次の問いに答えなさい。

(1) この実験手法は何というか。

（　　　　　　　　）

(2) 電気を流すと，DNA はマイナス極からプラス極に移動する。DNA はプラス，マイナスどちらの電荷をもっているか。　（　　　　　　　　）

(3) 何故，寒天ゲルの間を泳動させるとその長さごとに分離するのか。理由を書け。

（
　　　　　　　　　　　　　　　　　　　　　　　　　　　　　　　　）

ピペット　DNA断片を
の先端　　含む試料
電極　　　　　　　電極
（－）　　緩衝液　（＋）→電流を流す
寒天ゲル
泳動槽　　　　　　　DNA断片

□ **4** 右図はある特定の DNA 領域を増幅させる PCR 法について示している。次の問いに答えなさい。

(1) 図は3回の温度変化のサイクルで増幅させたい領域のみからなる2本鎖 DNA を2対合成している。このサイクルを合計5回繰り返したとき，増幅させたい領域からなる2本鎖 DNA は何対合成されるかを記せ。

（　　　　　）

(2) PCR 法で用いられる DNA の複製に必要な酵素について，ヒトの細胞から抽出した酵素を用いても DNA を効率よく増幅することができないが，高温下の温泉で生息できる細菌から抽出した酵素を用いると DNA が効率よく増幅される。この理由を記せ。

（
　　　　　　　　　　　　　　　　　　　　　　　　）

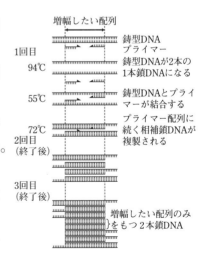

増幅したい配列
1回目　　　　　　　鋳型DNA
94℃　　　　　　　プライマー
　　　　　　　　　鋳型DNAが2本の
　　　　　　　　　1本鎖DNAになる
55℃　　　　　　　鋳型DNAとプライ
　　　　　　　　　マーが結合する
72℃　　　　　　　プライマー配列に
2回目　　　　　　　続く相補鎖DNAが
（終了後）　　　　　複製される
3回目
（終了後）
　　　　　　　　　増幅したい配列のみ
　　　　　　　　　をもつ2本鎖DNA

〔東京農工大－改〕

㉓ バイオテクノロジー ②

解答▶別冊P.13

POINTS

1 遺伝子組換え（P.44 続き）

⑦ **遠心分離**…試料を入れた試験管を高速回転させて，試験管内で成分ごとに分離・精製する方法。細胞小器官，タンパク質，DNA，大腸菌など成分ごとに分離精製できるので，遺伝子組換えの様々な過程で使われる。

⑧ **蛍光タンパク質・発光タンパク質**…特定の波長の光をあてると蛍光を発する蛍光タンパク質である **GFP**（Green Fluorescent Protein）は，目的タンパク質に GFP をつなげることで，タンパク質の発現量や発現場所を知ることができる。目視でも顕微鏡下でも蛍光を観察できるので，様々な研究で広く使われる。発光タンパク質は特定の物質を加えると発光するタンパク質で，蛍光タンパク質と同様のツールとして使われる。

⑨ **ゲノム編集**…ゲノムの中の特定の塩基配列を認識して，その部位の配列を任意に変更する技術。従来の技術より，変異体作成の効率が大幅に上がった。

2 トランスジェニック生物……人為的に外来遺伝子を導入した生物。その食品を特に**遺伝子組換え食品**という。

3 バイオテクノロジーの活用

① **遺伝子診断とオーダーメイド医療**…DNA塩基配列の解読技術が向上したため，患者のゲノムを全て読み，治療に役立てる事が可能となった。これにより，遺伝子から処方する薬の種類や量を最適化できる。

② **ホルモンの工業的生産**…タンパク質ホルモン遺伝子の配列が判明したので，大腸菌などに組込み，工業的に生産し，患者に投与できる。

③ **DNA鑑定**…PCR法で特定の領域を増幅，電気泳動で長さを比較することで，個人の特定を行う技術。

□ **1** 次の図中の□□□に適当な語句を記入しなさい。

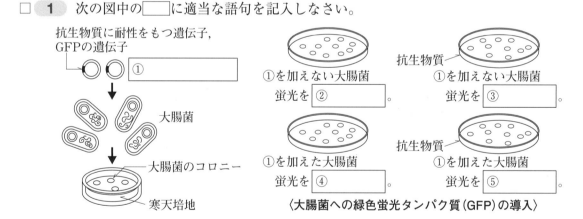

〈大腸菌への緑色蛍光タンパク質（GFP）の導入〉

□ **2** 次の文の（　）に適する語句を答えなさい。

　近年のバイオテクノロジーの向上は著しい。例えば，これまで核ゲノムへの遺伝子導入はランダムに行われていたが，現在では（①　　　　　　　）によって，目的の配列のみの組換えが可能である。他にもオワンクラゲから発見された（②　　　　　）はタンパク質の研究になくてはならない。人為的に外来遺伝子を導

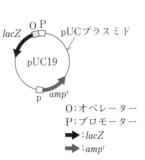

O：オペレーター
P：プロモーター
➡：*lacZ*
➡：*amp*^r

入した生物は(③　　　　　　　　　　　　)といい，我々の
身の回りでも特に(④　　　　　　　　　)食品として見かけるよ
うになった。

☐ **3**　次の文章を読んで，あとの問いに答えなさい。

　図のプラスミドには，抗生物質アンピシリンへの耐性遺伝子
(*amp*^r)とラクトース分解酵素のβ-ガラクトシダーゼ遺伝子
(*lacZ*)が含まれている。このプラスミドには制限酵素 *Bam*HI
によって認識される配列(G▾GATCC：▾で切断)が *lacZ* の配列
中に1ヶ所ある。

　遺伝子Xの両末端付近にのみ *Bam*HI の認識配列が存在するヒ
トのDNAに *Bam*HI を作用させ，ある遺伝子Xを含むDNA断
片を取り出した。また，このDNA断片と *Bam*HI で切断したプ
ラスミドを混合し，DNAリガーゼを作用させて，プラスミドの
中に遺伝子Xを組込んだ。その後，*amp*^r をもたない大腸菌の培
養液と混合し，アンピシリンとIPTG(*lacZ* の発現誘導物質)を
X-gal(β-ガラクトシダーゼが作用すると，無色から青色に変化
する化学物質)を含む寒天培地で培養した。その結果，<u>青色コロ
ニーと白色コロニー</u>の形成が確認された。

(1)　下線部に関して，①青色のコロニーと②白色のコロニーはど
のような大腸菌が増殖したものと考えられるか。次の**ア～エ**か
ら選ぶとすればどれが最も適当か。それぞれ1つずつ選び，記
号で答えよ。

　ア　遺伝子Xが組み込まれたプラスミドを取り込んだ大腸菌

　イ　遺伝子Xが組み込まれなかったプラスミドを取り込んだ
　　大腸菌

　ウ　プラスミドは取り込まれなかったが，遺伝子Xは取り込
　　んだ大腸菌

　エ　プラスミドおよび遺伝子Xのどちらも取り込まなかった
　　大腸菌　　　　　　　　　　　①(　　　)　②(　　　)

(2)　この実験で，他の条件は同じでアンピシリンを含まない寒天
培地で培養した場合，アンピシリンを含む培地を用いた場合と
比べて，どのような違いが見られると考えられるか。コロニー
の様子，数に注目して，簡潔に説明せよ。

　(　　　　　　　　　　　　　　　　　　　　)〔甲南大一改〕

✓Check

↪ **3**　(1)培地には抗生物
質が含まれているの
で，増殖した大腸菌
はプラスミドを取り
込んでいると考えら
れる。

㉔ ニューロンとその興奮

解答▶別冊P.13

✎ POINTS

1 ニューロン(神経細胞)

　ニューロンは神経の単位で，細胞体，樹状突起，軸索(神経繊維)からなる。その接続部を**シナプス**といい，興奮の伝達時に軸索の末端から神経伝達物質が放出される。

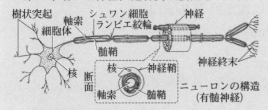

2 興奮の伝導と伝達

　刺激を受容した細胞における電気的な変化を興奮という。

① **伝導**…ニューロン内の軸索を興奮が伝わること。

② **伝達**…ニューロン間で興奮が伝わること。

3 脊椎動物の神経系

　中枢神経系(脳・脊髄)と**末梢神経系**に分けられ，末梢神経系は**体性神経系**(感覚神経・運動神経)と**自律神経系**(交感神経・副交感神経)に分けられる。

4 ヒトの中枢

① 脳

　▶**大脳**…知的行動

　▶**間脳**…自律神経・恒常性

　▶**中脳**…眼球運動・姿勢保持

　▶**小脳**…平衡感覚

　▶**延髄**…呼吸・心拍

② **脊髄**…反射の中枢。

□ **1** 次の図中の □ の中に適当な語句を記入しなさい。

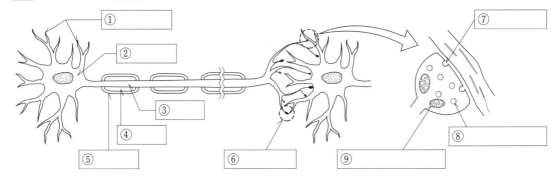

□ **2** 図は，3種類のニューロンについて示したものである。次の問いに答えなさい。

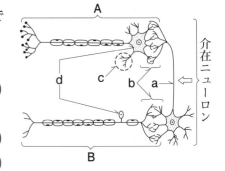

(1) AとBの神経単位の名称を答えよ。

A (　　　　　　　　　) B (　　　　　　　　　)

(2) a〜dの名称を答えよ。

　　　　a (　　　　　　) b (　　　　　　)

　　　　c (　　　　　　) d (　　　　　　)

(3) 矢印(⇨)の部分を刺激すると，この興奮はどう伝達されるか。

　ア　Aに伝わる。　　イ　Bに伝わる。

　ウ　AとBの両方に伝わる。　　　　　　(　　　)

3 右図は，ヒトの脳の断面を示している。

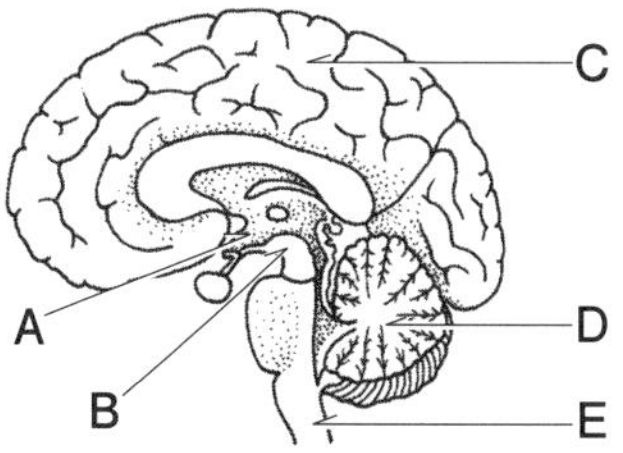

(1) 右図のA〜Eに入る脳の名称を下から選べ。

A (　　　　) B (　　　　) C (　　　　)

D (　　　　) E (　　　　)

大脳　　中脳　　間脳　　小脳　　延髄

(2) 次の①〜⑤の脳のはたらきは，A〜Eのいずれのはたらきか。

① 感覚・記憶・言動の中枢。　　　　　　　　　　　(　　　)

② 眼球運動や瞳孔の拡大・収縮，姿勢保持の中枢。(　　　)

③ 呼吸運動や心臓の拍動の中枢。　　　　　　　　(　　　)

④ 運動を調節し，からだのバランスを保つ中枢。(　　　)

⑤ 体温の保持，血糖値の調節などの中枢。　　　　(　　　)

✔**Check**

↳ **3** (2)⑤体温の保持や血糖値の調節は，自律神経が関わる。

4 次の文章を読み，あとの問いに答えなさい。

ニューロンでは(①　　　　　)以上の刺激を加えると興奮が生じる。さらに強い刺激を加えると，活動(②　　　　　)の発生(③　　　　　)は高まるが，活動(②)は一定である。これを，(④　　　　　)の法則という。

(1) 文章中の空欄に適する語句を答えよ。

(2) 右の図は，ニューロンの軸索の中に差し込んだ電極を用いて，細胞膜の外側を基準としたときの細胞内の電位変化を記録する装置の模式図である。図1，図2のそれぞれの実験において，電位変化を表したグラフとして正しいものは次のどれか。　　　　　　　図1(　　　) 図2(　　　)

図1

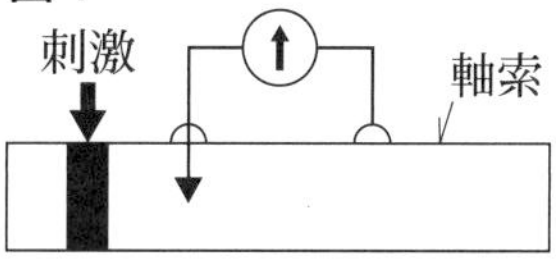

図2

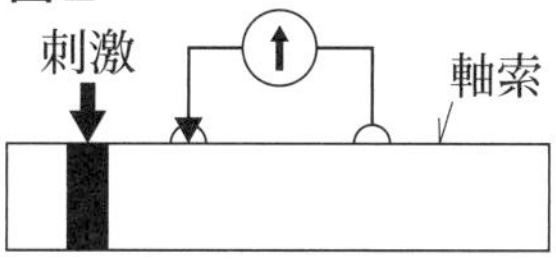

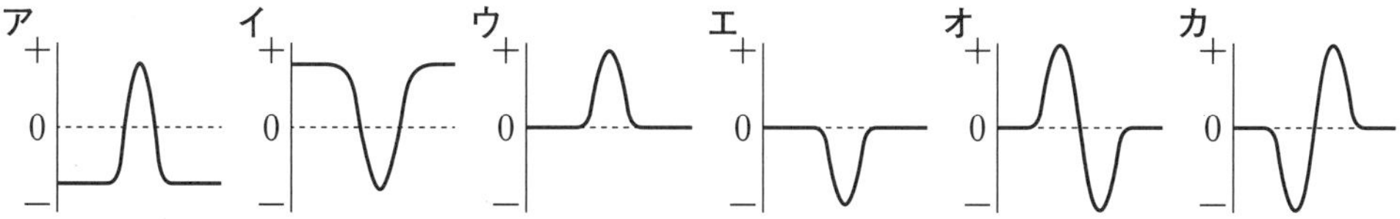

5 次の問いに答えなさい。

(1) 「ひざをたたくと痛かったので，足を組むのをやめた。」この反応の刺激および命令の伝達経路を次から選べ。　(　　　)

ア　受容器→感覚神経→脊髄→大脳→脊髄→運動神経→効果器

イ　受容器→感覚神経→脊髄→運動神経→効果器

ウ　受容器→感覚神経→延髄→間脳→脊髄→運動神経→効果器

(2) ひざをたたいたら，思わず足が上がった。この反応の経路を(1)のア〜ウから選べ。　　　　　　　　　　　　(　　　)

(3) (2)の経路を何というか。　　　　　　　　　(　　　)

↳ **5** 反射以外の行動は大脳が関わるが，反射は大脳が関わらない反応である。反射のうち，膝蓋腱反射の中枢は脊髄にある。

25 動物の刺激の受容と反応

📝 POINTS

1 受容器

特定の刺激を受け取る器官を**受容器**といい，その受容器が最も敏感に感じる刺激を**適刺激**という。

例

受容器 ——— 適刺激

目 ——— 光

耳 ——— 音

2 目の明順応と暗順応

暗所から明所へ出ると，しばらくまぶしくて見えないが，やがて見えるようになる。これを**明順応**という。また，明所から暗所へ入ると，しばらく真っ暗で見えないが，やがて見えるようになる。これを**暗順応**という。

3 効果器

刺激に対して直接応答を起こす装置・器官(筋肉や腺など)を**効果器**(作動体)という。

4 筋肉

脊椎動物の筋肉は**横紋筋**と**平滑筋**に分けられる。横紋筋には，骨を動かす**骨格筋**と心臓を構成する**心筋**があり，これらは速く収縮する。一方，平滑筋は内臓や血管などに存在する筋肉で，ゆっくり収縮する。

5 その他の効果器

例 運動器官(繊毛，べん毛)，発電器官(デンキウナギ)，発光器官(ホタル)，色素胞(イカ)，外分泌腺，内分泌腺など

刺激 → 受容器 →(神経)→ 中枢 →(神経)→ 効果器 → 反応

□ **1** 次の図中の▢の中に適当な語句を記入しなさい。

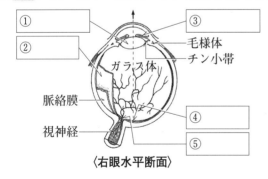

①
②
毛様体
チン小帯
ガラス体
脈絡膜
視神経
④
⑤
③

〈右眼水平断面〉

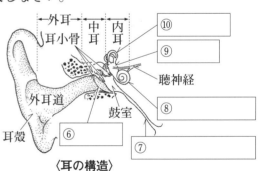

外耳 中耳 内耳
耳小骨
⑩
⑨
聴神経
⑧
外耳道
鼓室
耳殻
⑥
⑦

〈耳の構造〉

□ **2** 次の文の①〜⑥の( )に適する語句を答えなさい。

外界の刺激を受け取る目・耳・鼻などの器官を(① 　　　　　)という。また，(①)が受け取ることができるそれぞれ特定の刺激を(② 　　　　　)といい，(②)を(①)が受け取ることで起こる興奮が(③ 　　　)神経により(④ 　　　　　)に伝わり，感覚が生じる。中枢はこれらの感覚をもとに各種の命令を出し，これが(⑤ 　　　)神経により(⑥ 　　　　　)に伝えられ，反応や行動として現れる。

✅ Check

↳ **2** 特定の刺激を感受する器官を**受容器**といい，特定の刺激を**適刺激**という。

感覚は興奮が中枢神経系に伝わることで生じる。

郵便はがき

5 5 0 0 0 1 3

お手数ですが
切手をおはり
ください。

大阪市西区新町3-3-6
受験研究社
愛読者係 行

● ご住所 □□□ - □□□□

TEL (　　　　　)

● お名前

※任意
（男・女）

| 在学校 | □保育園・幼稚園　□中学校　□専門学校・大学 | 学年 |
| | □小学校　□高等学校　□その他（　　　　　） | （歳） |

| お買い上げ 書店名 (所在地) | 書店（ | 市 区 町 村 ） |

すてきな賞品をプレゼント！
お送りいただきました愛読者カードは、毎年12月末にしめきり，
抽選のうえ100名様にすてきな賞品をお贈りいたします。

LINEでダブルチャンス！
公式LINEを友達追加頂きアンケートにご回答頂くと，
上記プレゼントに加え，夏と冬の特別抽選会で記念品を
プレゼントいたします！

当選者の発表は賞品の発送をもってかえさせていただきます。　https://lin.ee/cWvAhtW

株式会社 増進堂 受験研究社

愛読者カード

本書をお買い上げいただきましてありがとうございます。あなたのご意見・ご希望を参考に、今後もより良い本を出版していきたいと思います。ご協力をお願いします。

---

1. この本の書名(本のなまえ)　　　　　　　　お買い上げ

　　　　　　　　　　　　　　　　　　　　　　　　　年　　　月

---

2. どうしてこの本をお買いになりましたか。
　□ 書店で見て　□ 先生のすすめ　□ 友人・先輩のすすめ　□ 家族のすすめで
　□ 塾のすすめ　□ WEB・SNSを見て　□ その他(　　　　　　　　　　)

---

3. 当社の本ははじめてですか。
　□ はじめて　□ 2冊目　□ 3冊目以上

---

4. この本の良い点，改めてほしい点など，ご意見・ご希望を
　お書きください。

---

5. 今後どのような参考書・問題集の発行をご希望されますか。
　あなたのアイデアをお書きください。

---

6. 塾や予備校，通信教育を利用されていますか。
　塾・予備校名　[　　　　　　　　　　　　　　　　　　　]
　通信教育名　　[　　　　　　　　　　　　　　　　　　　]

企画の参考，新刊等のご案内に利用させていただきます。

□ **3** 次の表の中に入る筋肉の種類, その特徴を**ア〜ク**からそれぞれ選びなさい。

↳ **3** 心筋は横紋筋で不随意筋である。

骨格を動かす	心臓を構成	内臓器官の壁を構成
(①　　　)	心筋	(②　　　)
(③　　　)	(④　　　)	
(⑤　　　)		(⑥　　　)
(⑦　　　)	(⑧　　　)	力は弱いが疲れにくい

ア 内臓筋　　**イ** 骨格筋　　**ウ** 平滑筋　　**エ** 横紋筋

オ 不随意筋　　**カ** 随意筋　　**キ** 力が強いが疲れやすい

ク 拍動を繰り返しても疲れは少ない

□ **4** 右図は, 横紋筋の構造を表したものである。これについて, 次の問いに答えなさい。

↳ **4** 筋原繊維には, アクチンフィラメントとミオシンフィラメントが規則正しく並んでいる。

(1) 図中の①〜④の名称を記しなさい。

①(　　　　　　)

②(　　　　　　)

③(　　　　　　　)

④(　　　　　　　)

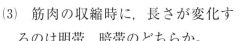
筋肉
筋繊維
Z膜　暗帯　Z膜
明帯　④　明帯

(2) 筋肉の収縮時に Ca²⁺ を放出する細胞小器官は何か。(　　　　　)

(3) 筋肉の収縮時に, 長さが変化するのは明帯, 暗帯のどちらか。(　　　　)

(4) 筋収縮に必要なエネルギーが一時的に貯蔵される物質は何か。

(　　　　　) 〔東京農工大-改〕

□ **5** A群の内容と関係の深い効果器をB群より選びなさい。

↳ **5** ゾウリムシには繊毛があり, ミドリムシにはべん毛がある。

〔A群〕

①消化液の分泌 (　　) ②ゾウリムシの移動(　　)

③ホルモンの分泌(　　) ④ミドリムシの移動(　　)

⑤ホタルの発光 (　　) ⑥メダカの体色変化(　　)

〔B群〕

ア 発光器官　　**イ** べん毛　　**ウ** 消化腺

エ 内分泌腺　　**オ** 繊毛　　**カ** 色素胞

📝 POINTS

1 生まれつき備わっている行動(生得的行動)

① **定位**…環境中の刺激に対して，特定の方向に向かってからだの位置を定めること。

▶**走性**…特定の刺激を与えると，その刺激の方向に近づいたり(**正の走性**)，遠ざかったり(**負の走性**)する行動。

▶**太陽コンパス**…太陽の位置をもとにして行動の方向を定めること。

▶**フェロモン**…ある個体から分泌され，同種のほかの個体に対して特有な反応を起こさせる。性フェロモン，道しるべフェロモンなどがある。

② **かぎ刺激**…動物にある特定の行動を引き起こさせるための外界からの刺激。

2 経験によって得られる行動(学習行動)

生後，経験を重ねることで獲得する行動。

① **慣れ**…同じ刺激を繰り返し受けると，反応が起こりにくくなること。アメフラシの水管を刺激するとえらを引っ込めるが，刺激を繰り返し与えると引っ込めなくなる。

② **試行錯誤**…成功と失敗を繰り返して学ぶ。

③ **刷込み(インプリンティング)**…生涯のある一定の期間に起こる学習の一種。一度成立すると変更しにくい。

④ **条件付け**…生得的に特定の行動を起こすかぎ刺激と，関係ない刺激を同時に示すことで，関係ない刺激で学習行動を引き起こすようになること。

□ **1** 次の図中の▢の中に適当な行動様式を記入しなさい。

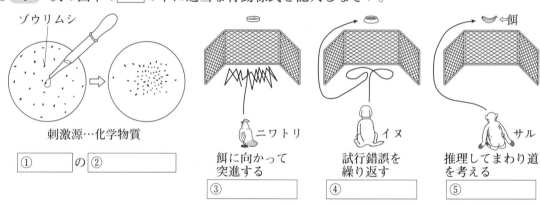

ゾウリムシ

刺激源…化学物質

① ▢ の ② ▢

餌に向かって突進する ③ ▢ （ニワトリ）

試行錯誤を繰り返す ④ ▢ （イヌ）

推理してまわり道を考える ⑤ ▢ （サル）

□ **2** 次の文の①〜③の( )に適する語句を答えなさい。

　流水中のメダカが流れに向かって泳ぎ，ガが電灯に集まるような行動は，外界からの刺激に対し方向性をもっている行動である。このような行動を(① 　　　　)という。

　イトヨの雄は，繁殖期に縄張りをつくり，進入する腹部が赤い雄を攻撃する。イトヨのこのような行動を(② 　　　　　　)といい，この場合繁殖期の雄だけに現れる腹部の赤い色が(③ 　　　　　　)となって(②)を引き起こす。また，この繁殖期に雌の腹がふくれていることが(③)となり，雄が求愛ダンスから一連の繁殖行動を行うが，この行動も(②)の一種である。

✅Check

➡ **2** 刺激源に近づいたり，遠ざかったりする行動を走性という。

　個体や種族を維持するために，生物が生まれつきもっている摂食・攻撃・生殖などの行動を**生得的行動**という。

3 次の表は，フェロモンについてまとめたものである。空欄①〜④に適語を**ア**〜**エ**より選び，記号で答えなさい。

フェロモン	行動例
性フェロモン	（ ① ）
集合フェロモン	（ ② ）
道しるべフェロモン	（ ③ ）
警報フェロモン	（ ④ ）

ア アリの死体があると，そこにアリは寄り付かない。

イ カイコガの雌に雄が引き寄せられる。

ウ ゴキブリが集団を形成する。

エ アリが餌の場所を仲間に知らせる。

① (　　) ② (　　) ③ (　　) ④ (　　)

3 性別にかかわらず，同種の個体を引き寄せるフェロモンを**集合フェロモン**という。

4 次の動物の行動について，下から関係の深い語をあとの**ア**〜**オ**から1つずつ選び，記号で答えなさい。

① アヒルがふ化直後に見た動くものについて歩く。 (　　)
② クモは網を張って餌をとる。 (　　)
③ レモンを食べているのを見ると，唾液が出る。 (　　)
④ 梅干しを食べると唾液が出る。 (　　)
⑤ ネズミは迷路に入ると最初は迷うが，やがて迷わなくなる。 (　　)

ア 生得的行動　　**イ** 古典的条件付け　　**ウ** 試行錯誤

エ 刷込み　　**オ** 反射

4 ①アヒルのひなはふ化直後に見たものを覚えている。
③レモンがすっぱいことを知らないと唾液は出ない。

5 ミツバチのダンスについて，次の文章を読み，あとの問いに答えなさい。

ミツバチは，太陽を利用して仲間に餌の位置を伝える。巣から餌場が近いときは（① 　　　 ）ダンスを行い，遠いときは（② 　　　 ）ダンスを行う。

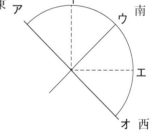

(1) 文章中の空欄にあてはまる語を書きなさい。

(2) 正午に餌場から巣に戻ったミツバチが右図のような動きをしたとき，餌場の方向は**ア**〜**オ**のどこと考えられるか。(　　)

(3) 同じ餌場から3時間後に巣に戻ったミツバチは，**ア**〜**オ**のどの動きをすると考えられるか。 (　　)

ア **イ** **ウ** **エ** **オ**

㉗ 植物の発生

📝 POINTS

1 配偶子の形成

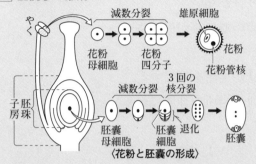

〈花粉と胚嚢の形成〉

▶**花粉**…花粉四分子はそれぞれ成熟した花粉となる。めしべの柱頭に付き花粉管を伸ばすとき，雄原細胞は2個の**精細胞**に分裂。

▶**胚嚢**…1つの胚嚢細胞のみが**胚嚢**となる。3回の核分裂を行い，8個の核〔卵細胞の核（1個），助細胞の核（2個），反足細胞の核（3個），中央細胞の核（2個＝極核）〕が生じる。

2 重複受精

$$胚嚢\begin{cases}卵細胞（卵核(n)）＋精細胞（精核(n)）→胚　(2n)\\中央細胞（極核(n·n)）＋精細胞（精核(n)）→胚乳(3n)\\助細胞(n)，反足細胞(n)→消失\end{cases}$$

3 花の形成とABCモデル

花の形成には，右図のように3種類の**調節遺伝子**がはたらいている。このうちAとCは互いが発現を抑制しており，遺伝子の欠損で一方が発現しない部分ではもう一方が発現する。

□ **1** 次の図中の □ に適当な語句を記入しなさい。

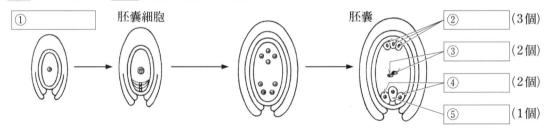

① _____	胚嚢細胞	胚嚢

② _____（3個）
③ _____（2個）
④ _____（2個）
⑤ _____（1個）

□ **2** 次の文の①～⑨の（　）に適する語句を答えなさい。

おしべのやくの中にある花粉母細胞は，減数分裂をして（①　　　　　　）となり，その核は分裂を行い花粉となる。このとき，核の1個は（②　　　　　　）となり，もう1個は（③　　　　　）の核となる。花粉管を伸ばすとき，（③）は2個の（④　　　　　）に分裂する。

めしべの胚珠中にある（⑤　　　　　　）は，減数分裂をして胚嚢細胞となり，（⑥　　　）回の核分裂を行い8個の核を形成する。

この8個の核の1個が卵細胞に，2個が卵細胞と接する（⑦　　　　　　）の核に，3個が卵細胞とは反対に位置する（⑧　　　　　）の核に，残りの2個が中央細胞の（⑨　　　　　）になる。

✅ Check

2 花粉母細胞が減数分裂すると4個の未熟な花粉である**花粉四分子**ができ，さらに1回分裂をして成熟した**花粉**となる。

□ **3** 図は，ある被子植物の配偶子の形成の過程を示したものである。あとの問いに答えなさい。

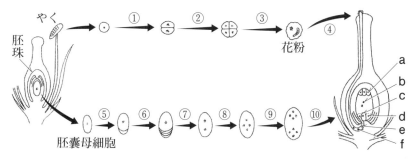

(1) 図中のa～fの名称を下から選びなさい。

a（　　　）　b（　　　）　c（　　　）

d（　　　）　e（　　　）　f（　　　）

ア 卵細胞　　**イ** 精細胞　　**ウ** 助細胞　　**エ** 反足細胞

オ 花粉管核　**カ** 極核

(2) やく及び胚珠内で行われる減数分裂は，図中の矢印のどこからどこまでか。数字で答えよ。

やく（　　　～　　　）　胚珠（　　　～　　　）

(3) 2つの精細胞は，それぞれどの細胞と受精するか。

精細胞＋A（　　　　　）→受精卵→胚　〔核相D（　　　）n〕

精細胞＋B（　　　　　）→C（　　　　　）

〔核相E（　　　）n〕

(4) (3)のように被子植物の受精は2か所で起こる。このような受精を何とよぶか。　（　　　　　）

(5) エンドウでは，種子の成熟過程では(3)のCが見られなくなる。このような種子を何とよぶか。　（　　　　　）

↳ **3** (1)胚嚢の核は8つあるが，1つは卵細胞に，2つはその横の助細胞に，3つは反対側の反足細胞に，残りの2つが極核となる。

(2)花粉の形成時と胚嚢の形成時で減数分裂が起こり，2回の連続した細胞分裂が起こる。

(3)卵細胞と中央細胞の2か所で受精が起こる。

□ **4** 花の形成には，図のようなABCモデルとよばれる調節遺伝子の相互作用がはたらいている。次のような遺伝子異常が起こった場合，どのような花が生じるかを記号で答えなさい。

	遺伝子B			遺伝子B		
遺伝子A		遺伝子C		遺伝子A		
がく片	花弁	おしべ	めしべ	おしべ	花弁	がく片
A	A+B	B+C	C	B+C	A+B	A

①Aの遺伝子異常（　　　）　②Bの遺伝子異常（　　　）

③Cの遺伝子異常（　　　）

ア がくと花弁のない花　　**イ** おしべとめしべのない花

ウ 花弁とおしべのない花　　**エ** 花弁とめしべのない花

↳ **4** 遺伝子Aと遺伝子Cは互いに発現を抑制し合っており，Aが発現しない部分はCが，Cが発現しない部分はAが発現する。

㉘ 植物の環境応答 ①

解答▶別冊P.15

✎ POINTS

1 屈性……植物が外界の刺激を受けたとき，その刺激のくる方向に，あるいはその反対の方向に屈曲する性質。刺激のくる方向に屈曲する場合を**正の屈性**，その反対の方向に屈曲する場合を**負の屈性**という。重力屈性，光屈性，接触屈性，水分屈性などがある。

2 傾性……植物が刺激の加わる向きとは無関係に運動を起こす性質。光傾性，温度傾性，接触傾性などがある。

3 植物ホルモン

① **オーキシン**…細胞の成長の促進・抑制。

② **ジベレリン**…茎の伸長促進，子房の発育促進，種子の発芽促進。

③ **エチレン**…果実の成熟，落葉・落果の促進。

④ **アブシシン酸**…発芽の抑制，気孔を閉じる。

4 光受容体……次のような光を感知する。

① **フィトクロム**…赤色光，遠赤色光。

② **フォトトロピン，クリプトクロム**…青色光。

□ **1** 次の図中の □ の中に屈曲する方向を示す矢印を記入しなさい。また，屈曲しない場合は×を記入しなさい。

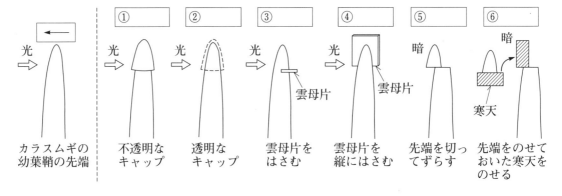

光 →	① 光 ⇨	② 光 ⇨	③ 光 ⇨	④ 光 ⇨	⑤ 暗	⑥ 暗

カラスムギの幼葉鞘の先端 ／ ① 不透明なキャップ ／ ② 透明なキャップ ／ ③ 雲母片をはさむ ／ ④ 雲母片を縦にはさむ ／ ⑤ 先端を切ってずらす ／ ⑥ 先端をのせておいた寒天をのせる

□ **2** 次の文の①～③の（　）に適する語句を答えなさい。

植物は，光や水，重力などの刺激に対して一定の方向に屈曲する。この性質を（① 　　　　）という。また，刺激の加わる方向と無関係に運動を起こす場合を（② 　　　　）という。（ ① ）は，植物体のある部分の成長の速さが，ほかの部分と異なるために生じる。このような成長速度の差にもとづく運動を（③ 　　　　　）という。（ ② ）にはオジギソウの葉の開閉のように膨圧の変化によるものもある。

✓ Check

↳ **2** 刺激源に対して，ある一定方向に屈曲する性質を屈性といい，刺激源の方向に屈曲する場合を**正（＋）の屈性**，逆方向に屈曲する場合を**負（－）の屈性**という。

□ **3** 次ページの図のように，マカラスムギの先端部を切って寒天に乗せ，先端部にある物質を移動させた。また，その下側にある幼葉鞘を切断し，一方はそのまま，もう一方は上下を入れ替えたものにこの寒天を乗せ，下側に新たな寒天を置いた。これについ

↳ **3** オーキシンは先端部から基部へと移動する性質をもつ。

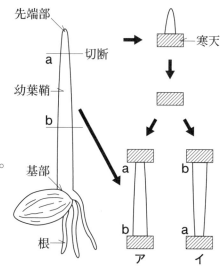

て，次の問いに答えなさい。

(1) 切り取った先端部を乗せた寒天中に多く含まれる物質名を答えよ。

（　　　　　　　）

(2) (1)の物質は**ア・イ**のどちらの寒天に多く含まれるか。

（　　　　）

(3) (2)のような結果になったのは，(1)の物質が何という移動の特徴をもつためであるか。　（　　　　　　　）

□ **4** 次の①～④の文章と関係の深い植物ホルモンを下の**ア～エ**から選びなさい。

① 熟したリンゴの果実を，成熟していない青いリンゴの果実と同じ容器中に密閉していたら，青いリンゴの成熟がはやまった。

② ブドウのつぼみをある種のホルモンで処理すると，受精しなくても子房が膨らみ種なしブドウができた。

③ 高濃度では，双子葉類などの植物を枯死させるが，イネ科植物にはその影響が少ないので，水田の除草剤に用いられる。

④ カラスムギを窓際で育てると光の方向に成長した。

ア オーキシン **イ** ジベレリン **ウ** エチレン **エ** 2, 4-D

①（　　　　）②（　　　　）③（　　　　）④（　　　　）

↳ **4** オーキシンは細胞の伸長成長，ジベレリンは伸長促進・子房の成長，エチレンは成熟促進・老化促進のはたらきがある。2, 4-D はオーキシンと同じであるが除草剤として用いられる。

□ **5** オジギソウは，手で葉に触れるなどの刺激を与えると，図の矢印のようにすばやく葉を閉じる反応を示す。これについて，次の問いに答えなさい。

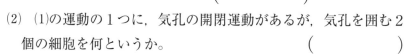

(1) このような運動のことを何というか。

（　　　　　　　）

(2) (1)の運動の１つに，気孔の開閉運動があるが，気孔を囲む2個の細胞を何というか。　（　　　　　　　）

(3) 気孔が閉じるのに影響する植物ホルモンの名称を答えよ。

（　　　　　　　）

↳ **5** オジギソウの葉の開閉は，細胞の膨圧が増減することにより運動が起こる。

㉙ 植物の環境応答 ②

POINTS

1 光周性……植物が1日の昼の長さ（**明期**）と夜の長さ（**暗期**）の影響を受けて**花芽**を形成する性質。

① **長日植物**…暗期の長さが一定以下になると花芽をつくる植物。

例オオムギ，ホウレンソウ，ダイコンなど

② **短日植物**…暗期の長さが一定以上になると花芽をつくる植物。

例ダイズ，アサガオ，キクなど

③ **中性植物**…光周性の影響を受けない植物。

例トマト，トウモロコシなど

④ **限界暗期**…花芽形成を支配するものは明期ではなく，連続した暗期である。この一定の長さの連続した暗期を限界暗期という。

2 温度の影響

▶**春化処理**…吸水種子や若い苗を，人為的に一定期間低温にさらす処理。この処理を行うと，秋まきのコムギの種子を春あたたかくなってからまいても，花芽の形成が促進される。

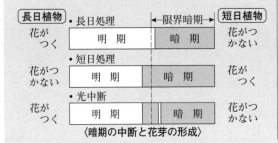

〈暗期の中断と花芽の形成〉

□ **1** 次の図中の□□□の中に花芽を形成する場合は○を，形成しない場合は×を記入しなさい。

〈光中断による光周性の実験〉

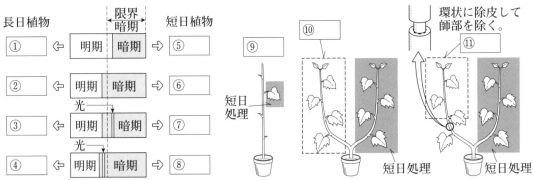

〈短日植物（オナモミ）の花芽形成の実験〉

□ **2** 次の文の①～⑤の（ ）に適する語句を答えなさい。

植物の花芽形成は日長に応じて行われるものがあり，春に開花するホウレンソウ・コムギなどの（① ）植物，夏から秋にかけて開花するアサガオ・キクなどの（② ）植物がある。このように植物が1日の昼間と夜間の長さの影響を受けて反応する性質を（③ ）という。花芽形成における（ ③ ）は一定の連続した（④ ）の長さによって支配されている。一方，日長に関係なく開花するトマト・セイヨウタンポポなどの（⑤ ）植物がある。

✓Check

↳ **2** 光周性を示す植物には，**長日植物**と短日植物がある。

□ **3**　短日植物であるダイズを材料にして花芽形成の実験を行った。明期の長さを16時間（○）または，4時間（●）に保ち，暗期の長さを変化させることによって暗期の長さが花芽形成に与える効果を調べ，

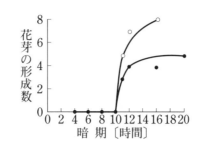

図のような結果を得た。次の文の①～④の（　）に適する数字や語句を答えなさい。

ダイズの限界暗期を調べると，暗期の長さが（①　　　）時間までは花芽形成されておらず，（②　　　）時間では花芽形成されているので，その間の（③　　　）時間30分前後が限界暗期の長さと考えられる。

また，明期の長さが16時間に比べ，4時間では花芽は形成されても数が少ない。これは（④　　　　　）によって十分に栄養分が生産されなかったためと考えられる。

↳ **3**　短日植物は，**限界暗期**以上になると花芽形成を行う。花芽形成には多量の栄養分が必要である。

□ **4**　レタスは光によって発芽が促進される種子である。下表は，レタスの種子と照射した光との関係を示したものである。次の問いに答えなさい。

(1)　光で発芽が促進される種子を何というか。

（　　　　　　　）

処　理	発芽率〔%〕
暗所(無処理)	2
R	75
FR	2
R → FR	3
FR → R	78
R → FR → R	80
FR → R → FR	4

R：赤色光照射　　FR：遠赤色光照射

(2)　レタスの発芽を促進するのは，赤色光・遠赤色光のどちらか。　（　　　　　　）

(3)　発芽に関する光を受けとるタンパク質の名称を答えよ。

（　　　　　　　）

↳ **4**　発芽に必要な光を感知するタンパク質を光受容体といい，**フィトクロム**はそのうちの1つである。他に，フォトトロピン，クリプトクロムなどもある。

□ **5**　次の文の①，②の（　）に適する語句を答えなさい。

秋まきコムギの種子を春にまくと，葉や茎は伸びるが結実しない。

秋まきコムギの種子を一定期間（①　　　　）にさらすと，春に種子をまいても開花結実する。花芽形成のためのこのような処理を（②　　　　　）という。

↳ **5**　自然界では冬の寒さにさらされ，春の長日条件で開花結実する。

㉚ 個体群と生物群集 ①

解答▶別冊P.16

POINTS

1 個体群と環境……ある地域に生息する同種個体の集まりを**個体群**という。複数の個体群が集まり，**生物群集**を形成し，個体群どうしは競争や捕食などの作用を互いに与えあっている。生物群集は**非生物的環境**と双方向に影響しあい**生態系**を形成している。

2 個体群の構造と成長……個体群の大きさは**個体群密度**で表せられ，**区画法**や**標識再捕法**で求められる。また，個体のおもな分布様式は一般的に**一様分布**，**集中分布**，**ランダム分布**の3つが知られている。

個体群の成長は，時間とともに個体数が増えることで起こる。このとき，生息に必要な資源（食べ物や生活空間）が制限される場合では，個体群密度に上限（**環境収容力**）があり，成長曲線はS字曲線になる。個体群密度の変化は，個体の発育や生理形態などにも影響を及ぼす（**密度効果**）。

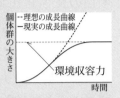

① **相変異**…個体群密度によって起こる個体の形態や行動の変異。
　例 トノサマバッタの孤独相と群生相

② **最終収量一定の法則**…成長に必要な資源には制限があり，個体群全体の重さ（収量）は，密度の違いにかかわらず，成長に伴って一定の値に近づく傾向があること。

□ **1** 次の図中の▢の中に適当な語句を記入しなさい。

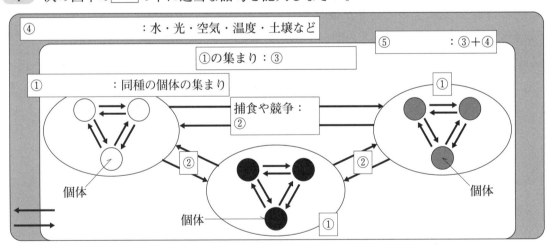

□ **2** ある池でフナの生息調査を行い，一度目の調査で30匹を捕獲し標識した後その場で放流した。7日後，再び同じ池で調査を行い50匹のフナを捕獲したところ，15匹が標識されていた。

(1) この池には何匹のフナが生息していると推定されるか。

（　　　　　　　　）

(2) (1)のような，生息域全体の個体数を推定する方法を何というか。

（　　　　　　　　）

✅Check

🔍確認

標識再捕法

総個体数＝
$$\frac{再捕獲された個体数}{再捕獲された標識個体数} \times 最初の標識個体数$$

(3) この池の面積を 500 m² とすると，この池におけるフナの個体群密度(/100 m²)はいくらか。　　　（　　　　　　　）

☞ **3** (2)個体数が一定を超えると競争により，生存数・出産数が減るため曲線がS字になるが，生活する資源が無限だと仮定すると二次関数的に個体数が増える。

□ **3** 次の文章を読み問いに答えなさい。

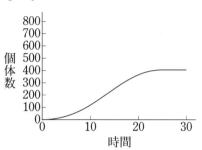

ある地域に生息している同種の個体の集合を(①　　　　　)といい，一定の生息区間当たりの個体数を(②　　　　　)という。適当な環境下にある(①)は，繁殖によって個体数が増え，(②)が高くなる。これをグラフに表したものを(③　　　　　　)という。初めは急激に個体数が増加するが，資源をめぐる(④　　　　　)などが起こり，出生率の低下や死亡率の増加が要因となり，個体数はやがて一定になる。このときの，生息空間当たりの個体数の上限を(⑤　　　　　　)とよぶ。

(1) ①～⑤にあてはまる最も適切な語句を記入せよ。

(2) この生物が生息している地域の資源(生活空間・食糧など)が無制限にあった場合，図の曲線はどのようになると考えられるか。図に直接描き込め。

□ **4** 次の文章を読み問いに答えなさい。

トノサマバッタは，個体群密度に応じて，形態や行動を変化させる。幼虫期に高密度だと，ₐ集団生活をする個体になるのに対し，低密度だと。単独生活をする個体になる。

☞ **4** 集団で生活する個体は，長距離を飛来するのに適した体つきになるため，小型になる傾向がある。

(1) 下線部**a**で集団生活をする個体を何というか。（　　　　　）

(2) 下線部**b**で単独生活をする個体を何というか。（　　　　　）

(3) 文章のように，個体群密度によって個体の形態や行動などの形質が変化することを何というか。　　　（　　　　　）

(4) 右表は，トノサマバッタが個体群密度の影響を受けて変化する形質についてまとめたものである。表を完成させよ。

	集団生活をする個体	単独生活をする個体
からだの色	①	②
後ろ脚の長さ	③	④
翅(はね)の長さ	⑤	⑥
産卵数と卵の特徴	⑦	⑧

㉛ 個体群と生物群集 ②

✎ POINTS

1 個体群の構造と変動

▶**生存曲線**…時間経過とともに個体数が減少していくようすを示したグラフ。

A型：出生直後の死亡率が低い。

例哺乳類や，社会性昆虫。

B型：生存する全期間ではほぼ一定の生存率になる。

例小型の鳥類やハチュウ類。

C型：出生後初期の生存率が非常に低く，ごく一部の個体が長く生き残る。

例幼生期を水中で浮遊生活するもの。

2 個体群内の個体間の関係

① **群れ**…統一的な行動をとる同種の動物の集まり。生存率の向上，繁殖活動で有利だが，資源をめぐる種内競争などが激しくなる可能性がある。

② **縄張り（テリトリー）**…定住する動物が行動する範囲（行動圏）のうち，ほかの個体を排除し，空間を積極的に占有する。縄張りから得られる利益と，縄張りの維持に必要な労力の差が最も大きくなるところが最適な縄張りの大きさとなる。

③ **順位制**…個体群の中で，個体間に優位と劣位の関係ができること。

例ニワトリのつつきの順位。

④ **社会性昆虫**…女王を中心にワーカーや兵隊など個体間に形態の変化や役割分担が起こり，複雑な社会組織をもつ昆虫。

例シロアリ・ミツバチなど。

□ **1** 次の図中の□□□の中に適当な語を記入しなさい。

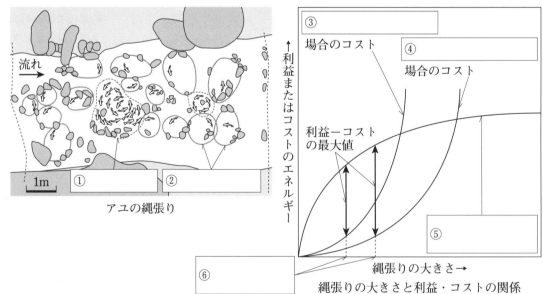

アユの縄張り

縄張りの大きさと利益・コストの関係

□ **2** 次ページの図は，同時に生まれた個体群が時間とともにどのように変化していくかを表したものである。これについて，次の問いに答えなさい。

(1) このようなグラフを何というか。　　　（　　　　　　　）

✔ Check

↳ **2** 発育とともに生存する個体数は減少していく。

⑵ A〜Cの特徴を説明した文章として正しいものを次のア〜ウから選び記号で答えよ。

ア 幼生期を親とともに生活し，出生直後の死亡率が低い。

イ 発育の全期間で死亡率が一定。

ウ 幼生期を水中で浮遊生活し，産卵数が非常に多い。

A（　　　）　B（　　　）　C（　　　）

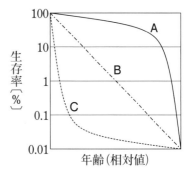

□ **3** 生態系内ではさまざまな個体が互いに影響し合って生活している。表の①〜⑤に適する語句をア〜オから選び記号で答えなさい。ただし，利害関係の（＋）は利益を，（−）は不利益を，（±）は影響を受けないことを示す。

関係	利害関係	特徴
①	ヒメウ（−）とカワウ（−）	生活空間や資源の奪い合いなど
②	アリ（＋）とアブラムシ（＋）	両方が利益を得る
③	カクレウオ（＋）とフジナマコ（±）	片方は影響を受けない
④	コマユバチ（＋）とガの幼虫（−）	一般に片方のほうが小さい
⑤	キリン（±）とシマウマ（±）	ともに影響を受けない

ア 片利共生　　イ 寄生　　ウ 競争　　エ 相利共生　　オ 中立

↳ **3** 共存する異種の生物間で互いに利益→相利共生
　一方が利益，他方は利益も不利益もなし→片利共生
　一方（寄生者）が利益，他方（宿主）が不利益→寄生

□ **4** 次の表は水田におけるミナミアオカメムシの卵から成虫になる発育段階別での個体数を調査した結果である。あとの問いに答えなさい。

発育段階	期間（日）	当初個体数	死亡個体数	死亡率
卵	5	713	422	59.1
1齢幼虫	3	291	122	41.9
2齢幼虫	4	①	65	38.5
3齢幼虫	4	104	28	26.9
4齢幼虫	5	76	②	32.9
5齢幼虫	7	51	25	③
成虫	−	26	−	−

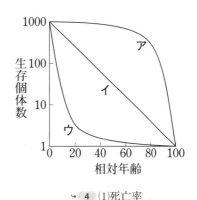

⑴ 表中の①〜③を埋めよ。

⑵ 表のように，発育段階ごとに，その期間，死亡率，死亡要因などを明らかにして時間とともに生存個体数が減少する過程を示した表を何というか。　　　　　　　　　　（　　　　　　　）

⑶ 調査結果から生存曲線を描いた場合，上の図のア〜ウのどれになると考えられるか。　　　　　　（　　　）　〔京都大−改〕

↳ **4** ⑴死亡率
$$= \frac{死亡数}{生存数} \times 100$$

63

㉜ 物質生産とエネルギーの流れ

解答▶別冊P.17

📝 POINTS

1 生産者の物質生産…生産者が光合成によって有機物を生産すること。

純生産量＝総生産量－呼吸量

成長量＝純生産量－（被食量＋枯死量）

2 消費者の物質収支

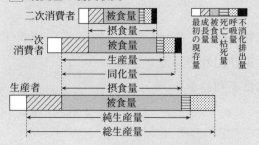

① 同化量＝摂食量－不消化排出量

② 生産量＝同化量－呼吸量

③ 成長量＝生産量－（被食量＋死亡量）

　ただし，消費者の摂食量＝生産者の被食量。

④ **生態ピラミッド**…各栄養段階によって，物質やエネルギー量が変化する様子を表したもの。栄養段階が上の生物ほど個体数やエネルギー量，物質量は減少する。

▶**生産構造図**…植物群集を同化器官（主に葉）と非同化器官（茎や根）に分け，その空間的分布状態を表したもの。草本では，広葉草本型とイネ科草本型に分けられる。

□ **1** 次の図中の▢の中に適当な語を記入しなさい。

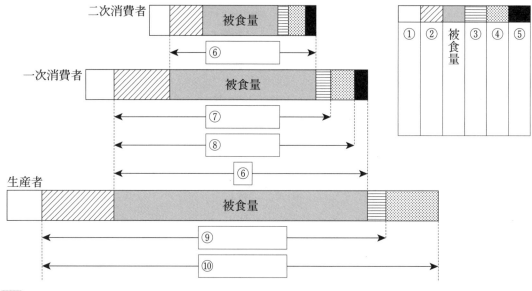

□ **2** 次の文章の（　）に適する語句を入れなさい。

　図Ａと図Ｂは，草本植物群集を階層ごとに同化器官と非同化器官の現存量を表した図で（①　　　　　　）という。図Ａの植物群落は（②　　　　　　）型といわれ，

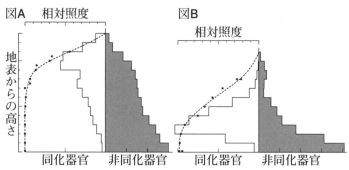

図A　相対照度

図B　相対照度

図 B は（③　　　　　　　　　）型といわれる。図 A は幅の広い葉が群落の（④　　　　　　　　）に集中して分布するのに対し，図 B では幅の狭い葉が（⑤　　　　　　　）に比較的多くついている。

✔ Check

□ **3**　次の表は，世界各地の様々な生態系の現存量と純生産量を比較したものである。あとの問いに答えなさい。

生態系	面積 (10⁶ km²)	現存量（乾量）		純生産量（乾量）	
		平均値 (kg/m²)	世界全体 (10¹² kg)	平均値 (kg/(m²・年))	地球全体 (10¹² kg/年)
森林	57.0	29.8	1700	1.40	79.8
草原	24.0	a	74	0.79	19.0
湖沼河川	2.0	0.03	0.05	b	0.5
浅海域	29.0	0.1	2.9	0.47	13.6

(1) 森林での物質生産について，若齢林の純生産量は増加していくが，高齢林では減少していくのはなぜか。次の文章の（　）にあてはまる語句を答えよ。

　森林では高齢林になると，総生産量はほぼ一定になるが，これは（①　　　　　　　）と（②　　　　　　　）が増加するから。

(2) 表中の a と b に入る値を求めよ。

(3) 森林と浅海域における生産者のおよその平均寿命を求めよ。

森林（　　　　　　）年　浅海域（　　　　　　）年

↳ **3** (1)成長量＝純生産量－（被食量＋枯死量）
(3)水界での生産者のほとんどは藻類などの短命なものが多い。

□ **4**　次の文の①～⑥の（　）に適する語句を入れなさい。

　生態系を構成する生物群集は，生産者，消費者，および分解者の3つのグループに分けることができる。生産者は光合成などにより（①　　　　　　）から（②　　　　　　）をつくり出し，消費者は生産者がつくった（②）を直接または間接に利用する。これらの捕食被食の関係は直線的ではなく，複雑に網目状になっており，（③　　　　　　）とよばれている。

　生態系に流れ込む太陽の（④　　　）エネルギーの一部は，生産者によって（②）の中に（⑤　　　　）エネルギーとしてたくわえられる。この（⑤）エネルギーは（③）に従って消費者に移り，生命活動に利用される。分解者も，遺体や排出物中の（⑤）エネルギーを利用する。これらの全過程で利用された（⑤）エネルギーは，各栄養段階において代謝にともなう（⑥　　　）エネルギーとなる。

〔新潟大一改〕

↳ **4** 植物は光エネルギーを吸収して化学エネルギーに変換し，ATP を合成している。消費者はその化学エネルギーを取り込み生活している。

㉝ 物質循環とエネルギーの流れ

✏ POINTS

1 炭素循環とエネルギーの流れ……炭素(C)のもとは大気中や水中の二酸化炭素(CO_2)であり，生産者の光合成により有機物として生物に取り込まれる。このとき，同時に太陽の**光エネルギーが化学エネルギー**として有機物に蓄えられる。有機物は呼吸や**化石燃料**の燃焼などで再び二酸化炭素に戻る。このとき，有機物のエネルギーは**熱エネルギー**として放出される。炭素は生態系を循環する(**炭素循環**)が，エネルギーは循環しない。

2 窒素循環……窒素(N)のもとは大気中の窒素分子(N_2)である。これはマメ科植物と共生する根粒菌やネンジュモなどの行う**窒素固定**でアンモニウムイオン(NH_4^+)となる。窒素固定を行う菌を**窒素固定細菌**という。アンモニウムイオンは硝化菌のはたらきで硝酸イオンに変わる。硝酸イオンは植物に吸収されて，生物的環境を循環するが，一部は**脱窒素細菌**のはたらきで窒素分子に変えられて空気中に戻る(**脱窒**)。

□ **1** 次の図中の□□□に適当な語句を記入しなさい。

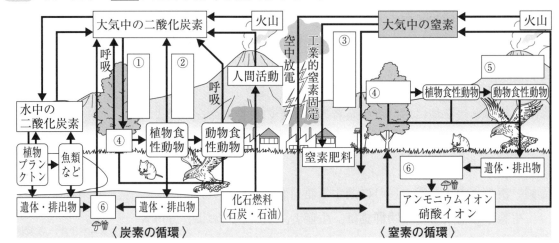

〈炭素の循環〉　　　　　　　　　　　〈窒素の循環〉

□ **2** 次の文の①～⑦の( )に適する語句を答えなさい。

生態系の生産者に有機物の形で取り込まれた太陽エネルギーは，各栄養段階での生物の呼吸で使われて，最終的には(① _____)となって大気中へ放出される。エネルギーは生態系の中で流れるが(② _____)しない。一方，炭素や窒素は生態系の中を(②)する。

炭素は植物の(③ _____)で固定され，各栄養段階での生物の呼吸で使われて大気中に戻る。また，太古の植物の遺体からできる(④ _____)を人間活動の中で消費した分も大気中に戻る。

窒素は(⑤ _____)によりアンモニウムイオンに固定される。アンモニウムイオンは(⑥ _____)のはたらきで硝

✓ Check

↳ **2** 炭素や窒素といった元素は生態系を循環するが，エネルギーは太陽エネルギーを生産者が化学エネルギーとして取り込んだあとは，呼吸で熱エネルギーとして放出するだけで循環しない。

酸イオンとなり，その後，生産者によって有機物として同化され，生物的環境を循環する。硝酸イオンの一部は（⑦　　　　　　　）のはたらきで脱窒し，窒素として大気に返る。

化石燃料を使用すると大気中の二酸化炭素は増加する。

□ **3**　右図は炭素の循環を示したものである。以下の問いに答えなさい。

(1)　次の現象は図中の矢印ア〜サのどれか，全て答えよ。
①　呼吸（　　　　　　）　②　光合成（　　　　　）
③　人間活動（　　　　　）　④　捕食（　　　　　）

(2)　近年問題になっている大気中の二酸化炭素の増加は図中の矢印ア〜サのいずれが原因か。　　　　（　　　　）

□ **4**　次の文章を読んで，あとの問いに答えなさい。

生態系を構成する生物と大気，水，土といった非生物的環境の間をさまざまな物質（元素）が循環している。それらの物質のうち，炭素と窒素は，いずれも大気中に多量に存在する。

生態系では有機物が落葉などの形で土壌（どじょう）に供給され，土壌中の生物によって分解される。有機物に含まれる窒素はさまざまな生物に分解されながら無機物である（①　　　　　　　　　）になり，さらに（②　　　　　　）によって（③　　　　　　　）に酸化される。（　①　）や（　③　）は植物の根から吸収されて植物体を構成する有機物となる。（　③　）の一部は（④　　　　　　　）のはたらきにより亜酸化窒素や（⑤　　　　　　）として大気中に放出される。

(1)　文中の①〜⑤に適語を入れよ。

(2)　下線部について大気中の窒素が森林に取り込まれる経路を2つあげよ。ただし，工業によるものを除く。
（　　　　　　　　　　　）（　　　　　　　　　　　）

(3)　右の図は森林生態系を構成する大気，植物，動物，菌類・細菌の間の炭素と窒素の移動経路の一部を示したものである。図中の経路ア〜クを，炭素のみに見られる経路，窒素のみに見られる経路，炭素・窒素に共通の経路，に分類せよ。
①　炭素のみに見られる経路（　　　　　　　　　　）
②　窒素のみに見られる経路（　　　　　　　　　　）
③　炭素・窒素に共通の経路（　　　　　　　　　　）

〔千葉大－改〕

窒素固定では窒素からアンモニウムイオンがつくられる。脱窒では硝酸イオンから窒素がつくられる。

㉞ 生態系と生物多様性 ①

解答▶別冊P.17

✎ POINTS

1 生物多様性……生物多様性は，次の3つの視点で考えられる。

① 遺伝的多様性…同種中でみられる，さまざまな遺伝子レベルでの生物多様性。遺伝的多様性が大きい個体群では，生息環境の変化に対応できる可能性が高くなる。

② 種多様性…生態系における種の多様さを示す。一般に，生態系を形成する生物種の豊富さとそれらが相対的に占める割合で評価される。一般的に，低緯度地方は高緯度地方に比べて種の数が多い。

③ 生態系多様性…地球上に存在する環境（森林や草原，湖沼，河川，海洋，干潟の生態系など）に適した生態系の多様性を示す。

2 生物多様性に影響を与える要因

さまざまな要因により生物群集や生態系に大きな変化を与える現象を**攪乱**という。自然界では，噴火・台風・山火事・河川の氾濫，森林伐採などの人間活動などが要因となる。

大規模な攪乱が起こると生態系のバランスが崩れ，生物多様性が損なわれることがある。森林の場合，噴火や大規模な山火事などは大規模な攪乱となり，森林は裸地に近い状態になり，生物多様性が失われる。一方，台風によって樹木が倒れるなど，中規模の攪乱が起こると，ギャップ更新が起こり，生物多様性の維持や増大にはたらく場合もある。

□ **1** 図の空白には遺伝的多様性，種多様性，生態系多様性のいずれかが入る。また，文章ア～ウは各多様性に関係する文章である。図中の□□□にあてはまる語句，および関係する文章を選び記号で答えなさい。

相同染色体のアルファベットは遺伝子を表す。

〔文章〕

ア ある同種の個体群A・Bにおいて，生活環境が劇的に変化したが，個体群Aはその多くが生き残ることができた。

イ ある生態系A・Bにおいて，生態系Aは数十種の生物が複雑に関係して形成されているのに対し，生態系Bは数種の生物しか生息しておらずその構造が単純になっている。

ウ ある地域において，陸地には森林・草原・干潟の生態系が，水界には湖沼・海洋の生態系が観察され，その中で数多くの生物が生活している。

	多様性	文章
①	（　　　）	（　　　）
②	（　　　）	（　　　）
③	（　　　）	（　　　）

□ **2** 次の文章と関係する語句を語群から選び答えなさい。

① 山火事の３年後に草原が広がっていた。 （　　　　）

② 中規模の攪乱が，種多様性の増大をもたらす。

（　　　　）

③ 生息地が分断化されて生じた個体群のこと。

（　　　　）

〔語群〕 局所個体群　大規模攪乱（かくらん）　中規模攪乱説

✓ **Check**

↳ **2** 極相林では，台風などでギャップができることで局所的に更新が起こり，種多様性が大きくなる場合がある。これをギャップ更新という。

□ **3** 生物多様性に関する次の文を読んで，問いに答えなさい。

生物多様性には，遺伝的多様性・①種多様性・生態系多様性の３つの階層が含まれる。生物多様性の重要性が世界的に認識されるようになり，1992 年には生物多様性条約が採択されている。しかし，生物多様性の急激な消失スピードを抑えることはできていない。生物種はほかの種とさまざまな関係をもって生きているので，１つの種の絶滅はほかの種にも影響する。近年の多様性消失の主な原因は人間活動であり，人や物の移動にともなう②外来生物問題も含まれる。

⑴ 下線部①の種多様性について述べた**ア〜エ**から正しいものを１つ選び記号で答えよ。

ア 一般に，緯度が低く高度が高いほど，種多様性は高い。

イ 種類が同じであれば，そのうち１種の個体数の割合が大きいほど，種多様性は高い。

ウ 陸上よりも海のほうが種多様性は高い。

エ 一般に，地形が複雑なほど種多様性は高い。 （　　　　）

⑵ 下線部②について，日本の在来生物の遺伝的多様性への影響として適当なものを**ア〜エ**から１つ選び記号で答えよ。

ア ハブ対策として輸入したマングースが，アマミノクロウサギを捕食した。

イ 野生化したタイワンザルとニホンザルの雑種の子が繁殖した。

ウ 繁殖力の強いモウソウチクが茂り，クヌギやコナラが成長しなくなった。

エ 外国産クワガタムシに付着したダニが日本のクワガタムシに病原性を示した。 （　　　　）

↳ **3** 種多様性とは，生態系内に生息する生物の種数の豊富さを示す。地球上では熱帯などの低緯度地域で種の数が非常に多くなっている。

第１章　第２章　第３章　第４章　第５章

35 生態系と生物多様性 ②

✎ POINTS

1 生物の絶滅

① **絶滅**…これまで地球上に生息していた生物種が何らかの原因で消滅することを絶滅という。乱獲や生息地の減少・汚染，人間による**外来生物**の移入など，人間の影響により，大きな速度で種の絶滅が進んでいる。

▶**絶滅危惧種**…絶滅の危機にある生物種のこと。絶滅の危険性により，**レッドリスト**として分類，公表されている。

② **近交弱勢**…個体数が少ない個体群では，近い血縁間での交配が起こる可能性が高くなる。そのため，有害遺伝子をもつ個体間での交配の確率が高まり，有害な遺伝子をホモでもつ個体が出現しやすくな

る。これを近交弱勢という。

③ **密度効果とアリー効果**…個体群の密度は，上昇に伴って個体の発育や形態などに影響を及ぼす。一般的に，個体群密度が上昇すると，産卵数や出生率が下がり，死亡率が上がる。これを**密度効果**という。しかし，個体群密度が低すぎる場合は，個体群の成長が低くなる。その場合は密度が上昇すればするほど，個体群の成長が促進される。これを**アリー効果**という。

④ **絶滅の渦**…生物種の個体数が減少すると，近交弱勢が起こったり，アリー効果が消失したりしてしまい，ますます個体数は減少する。これにより，生物は絶滅の可能性が高くなる。これを**絶滅の渦**という。

□ **1** 次の図中の▭の中に適当な語を記入しなさい。

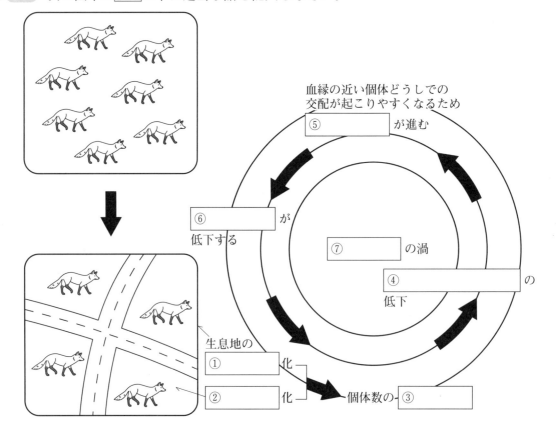

☐ **2** 次の文章を読み，あとの問いに答えなさい。

外来生物の侵入は，しばしば<u>在来生物の絶滅</u>の原因となるとともに，人間の生活にも影響を及ぼす。例えば，南米原産のヒアリ（アリの一種）は，北米において，アブラムシとの相互作用を通じてワタ農業（綿花農業）に影響を及ぼすことが報告されている。ワタの害虫であるアブラムシは，甘露を分泌し餌としてヒアリに提供する。一方，ヒアリはアブラムシの天敵であるテントウムシを攻撃することで，アブラムシをテントウムシによる捕食から守る。つまり，アブラムシとヒアリの間には（① 　　　　　　）の関係が成立している。ワタ畑からヒアリだけを駆除すると，アブラムシによるワタの食害は（② 　　　　）した。このことは，ヒアリがワタに及ぼす影響は間接的な種間関係によって生じていたことを示している。

⑴ 文中の空欄にあてはまる語句を書きなさい。

⑵ 下線部に関連して，いったん個体数が少なくなると，個体群の絶滅する確率は高まる。これは，個体数が少ないこと自体が，新たな絶滅の要因を誘発するからである。誘発される絶滅の要因の説明として最も適当なものを，次の**ア〜オ**から１つ選べ。

ア 遺伝的多様性の低下

イ 種内競争の激化による出生率の低下

ウ 種内競争の激化による生存率の低下

エ 相変異による形態や行動の変化

オ 種間競争の緩和 　　　　　　　（ 　　　 ）〔センター試験－改〕

✓ **Check**

↪ **2** アブラムシはヒアリに餌を提供し，ヒアリはアブラムシをテントウムシから守っているため，双方にメリットがある関係である。

☐ **3** ある生物の生息地の分断化が進むと，一つの生息地にすむ個体数が少なくなり，個体群が絶滅する可能性がより高くなる。このような個体群において絶滅の可能性がより高くなる過程を，次の語句をすべて用いて 120 字以内で説明しなさい。

〔語句〕遺伝的多様性，環境の変化，ホモ接合

（
　
　
　
　
　
　
　
　
　
）

〔島根大－改〕

Q 確認

分断化

ある生物種の大きな生息地が，道路の建設などによって小さな生息地に分けられることを生息地の分断化という。

装丁デザイン　ブックデザイン研究所
本文デザイン　未来舎
ＤＴＰ　スタジオ・ビーム
図版　ユニックス

本書に関する最新情報は, 小社ホームページにある**本書の「サポート情報」**をご覧ください。(開設していない場合もございます。)
なお, この本の内容についての責任は小社にあり, 内容に関するご質問は直接小社におよせください。

高校 トレーニングノートα 生物

編著者	高校教育研究会	発行所	受験研究社
	大西岳人 高戸隆喜		
発行者	岡　本　明　剛		
印刷所	ユ　ニ　ッ　ク　ス	Ⓒ	株式会社 増進堂・受験研究社

〒550-0013 大阪市西区新町2丁目19番15号
注文・不良品などについて：(06)6532-1581(代表)／本の内容について：(06)6532-1586(編集)

Training Note α
トレーニングノート α

生 物

解答・解説

解答・解説

第1章　生物の進化

① 生命の起源と生物の変遷　*(p.2～p.3)*

1 ① 化学　② 無機物　③ 二酸化炭素
④ 有機物　⑤ アミノ酸　⑥ 有機物
⑦ タンパク質　⑧ 熱水噴出孔

解説 無機物から生命の起源となる有機物が生成される過程を化学進化という。化学進化は，メタンや硫化水素が噴出する熱水噴出孔の周辺で起こったと考えられている。

2 カ→ア→イ→エ→オ→ウ

解説 現在の生物のほとんどは DNA を遺伝物質として利用し自己複製と代謝を行っている。生命の起源には RNA を遺伝物質として自己複製と代謝を行っていたと考えられており，その世界を **RNA ワールド**とよぶ。

約 27 億年前の地層から，シアノバクテリアの光合成によって発生した酸素によってつくられたストロマトライトが発見されている。海中で酸素をつくる生物が生まれた後，その酸素を利用する好気性細菌が誕生した。また，細胞内共生説によるとミトコンドリアは原核生物の好気性細菌から，葉緑体はシアノバクテリアから進化したと考えられている。さらに，真核生物の化石として最も古いものは，約 21 億年前の地層から発見された藻類と思われる生物である。真核生物は，ミトコンドリアによって，濃度が上昇した酸素を利用して ATP を生成する効率のよい呼吸を獲得した。

3 ① 酸素　② 化学　③ 水
④ 呼吸　⑤ 従属

解説 シアノバクテリアにより，地球上の酸素濃度が上昇した。そのため，酸素を有機物の分解に使いエネルギーを取り出す従属栄養生物が現れた。

4 ① 酸素　② 光合成　③ しない
④ する　⑤ 細胞内共生　⑥ 原核
⑦ ミトコンドリア　⑧ 真核　⑨ 葉緑体

解説 細胞内共生説はマーグリスによって提唱された。ミトコンドリアは好気性の細菌と，葉緑体はシアノバクテリアと構造的にも機能的にもよく似ている。また，ともに独自の DNA をもっており，分裂によって増えることから別の宿主細胞に取り込まれて進化したと考えられている。また，ミトコンドリアと葉緑体はともに**二重膜構造**をした細胞小器官であることも，その証拠として挙げられている。

② 有性生殖と遺伝子の多様性　*(p.4～p.5)*

1

第一分裂　中期 　後期 　終期

第二分裂　前期 　中期 　後期

解説 第一分裂の中期では，相同染色体が対合して，赤道面に並ぶ。

2 ① A　② B　③ B　④ A

解説 有性生殖では，親と子で遺伝的に異なる個体となるので，多様な性質をもつ個体が存在し，集団としては環境の変化に対応しやすくなる。

3 ① n　② n　③ 800　④ 2乗

解説 減数分裂では第一分裂で対合した相同染色体がそれぞれに分配されるので，$2n$ 本から n 本，第二分裂では体細胞分裂と同様に n 本から n 本となる。ヒトでは $2n=46$ 本より，配偶子の組み合わせは $2^{23}=2^3 \times 2^{10} \times 2^{10}$＝約 800 万通りとなる。これが受精すると約 800 万×約 800 万と，2 乗になり，遺伝子は多様化する。

4 (1) 遺伝子座　(2) 対立遺伝子
(3) ホモ接合　(4) ヘテロ接合

解説 同じ遺伝子座に存在できるような異なる遺伝子の関係を対立遺伝子という。

5 (1) 二価染色体　(2) 6 本　(3) エ

解説 (3) 減数分裂が行われるのは，生殖器官である。やくでは花粉がつくられ，花粉の中には生殖細胞である精細胞に分化する雄原細胞がつくられる。

1

③ 遺伝情報の変化 (p.6〜p.7)

1 ①置換　②欠失　③挿入
④ない　⑤終止コドン

🔑解説　①・④・⑤　塩基の置換はアミノ酸の変化を起こさないこともある。特にコドンの3番目の塩基の置換はその傾向が強い。ただし塩基置換によって終止コドンが形成されてしまうと、ポリペプチドがそこで途切れてしまう。

②・③　欠失と挿入はそれ以降のコドンがフレームシフトを起こすので、アミノ酸配列が全く異なるものに変化してしまう。

2 ①一塩基多型(SNP)　②突然変異
③置換　④欠失　⑤挿入

🔑解説　②ヒトの場合、突然変異は1回のDNAの複製でおよそ10億分の1の確率で起こる。しかし、紫外線や放射線、化学物質によってDNAが傷ついた場合、突然変異の確率は飛躍的に上がる。

3 (1)鎌状赤血球貧血症　(2)置換
(3)マラリア

🔑解説　(1)鎌状赤血球貧血症のヘモグロビンは、低酸素濃度で酸素と結合できず、赤血球は尖って鎌状に変化する。この鎌状赤血球は溶血しやすく、その結果、マラリア原虫が増殖しにくい。ヘモグロビンの遺伝子型が正常／鎌状のヘテロだと日常生活に問題はないが、鎌状のホモだと多くの場合、成人前に死亡する。

(3)マラリア原虫は蚊を媒介に感染する。赤血球内で増殖して、血球を破壊して外に出て、次の血球に侵入する。

4 (1)チロシン(UAC)—アスパラギン(AAC)—ロイシン(CUA)—フェニルアラニン(UUU)—アラニン(GCU)
(2)177番目のアミノ酸の最初の塩基がUかC

🔑解説　(1)173番目のトレオニンがアスパラギンになるにはACCの前にAが挿入する場合しかない。以降の塩基配列はフレームシフトを起こす。
(2)Bでは174番目のチロシンがフェニルアラニンに変化している。フェニルアラニンのコドンはUUUかUUC。174番目のチロシンがフェニルアラニンに変化するには、チロシンのコドンUAUのAが欠損した場合だけである。すると、175番目はUGCでシステイン。176番目はUG？となる。

システインのコドンはUGUかUGC。よって、もともとの177番目のコドンの1番目の塩基がUかCなら、変化した176番目はシステインとなる。

> **🎯ミスポイント　遺伝暗号の読み取り**
>
> 塩基配列が分かれば遺伝暗号表に対応させてアミノ酸配列が判明する。また、形質に異常が起こった生物の塩基配列を調べることで、どこに突然変異が起こり、どのようにアミノ酸配列が変化したか知ることが可能である。この方法で研究を進めると、アミノ酸配列の中でも活性部位などの重要な部分が判明する。

④ 連鎖と組換え (p.8〜p.9)

1 ①*A*　②*d*　③*a*　④*D*　⑤*a*　⑥*b*
⑦*A*　⑧*B*　⑨*A*　⑩*b*　⑪*a*　⑫*B*
(①・②と③・④の組み合わせおよび⑨・⑩と⑪・⑫の組み合わせはそれぞれ逆でもよい)

🔑解説　⑦・⑧　不完全連鎖では、連鎖している遺伝子の組み合わせをもつ配偶子のほうが組換えでできた遺伝子の組み合わせをもつ配偶子より多くできる。

2 (1)25%　(2)1:9:9:1

🔑解説　(1)$\dfrac{131+119}{386+131+119+364} \times 100$

(2)$10\% = \dfrac{1}{10} = \dfrac{1}{9+1}$と分解し、数の多いほう(9)が連鎖している配偶子の割合。

一方、数の少ないほう(1)が、組換えで生じた配偶子の割合。今回、問題文より親の遺伝子型から*A*と*b*、*a*と*B*が連鎖していることを読み取る。

3 (1)*A*－③　*D*－⑤　(2)9%

🔑解説　(1)問題文より*A*は*B*と6目盛り離れた位置であり③であると確定できる。一方、*D*は*B*と3目盛り離れた位置にあり、④か⑤ということになるが、*C*と16目盛り離れているので⑤となる。

4 (1)紫花・長花粉　(2)*BL*:*bl*=1:1
(3)紫花・長花粉:赤花・丸花粉=3:1
(4)*BL*:*Bl*:*bL*:*bl*=4:1:1:4
(5)紫花・長花粉:紫花・丸花粉:赤花・長花粉:赤花・丸花粉=66:9:9:16

解説 (4) $20\% = \dfrac{2}{10} = \dfrac{1}{5} = \dfrac{1}{4+1}$ と分解する。考え方は **2** (2)と同じ。

(3)・(5) ○を「紫花・長花粉」，△を「紫花・丸花粉」，□を「赤花・長花粉」，◇を「赤花・丸花粉」とすると，

(3)

♀＼♂	BL	bl
BL	○	○
bl	○	◇

(5)

♀＼♂	$4\,BL$	$1\,Bl$	$1\,bL$	$4\,bl$
$4\,BL$	16 ○	4 ○	4 ○	16 ○
$1\,Bl$	4 ○	1 △	1 ○	4 △
$1\,bL$	4 ○	1 ○	1 □	4 □
$4\,bl$	16 ○	4 △	4 □	16 ◇

5 (1) 検定交雑　(2) 16.7 %

解説 (1)潜性ホモの個体との交雑では，生じる子の表現型が親のつくる配偶子の遺伝子型の分離比に一致する。これを検定交雑という。

(2) $\dfrac{982+1018}{5024+982+1018+4976} \times 100$

> 🔒**重要事項　検定交雑**
>
> 　遺伝子型不明の個体に遺伝子型潜性ホモの個体をかけ合わせること。生じた表現型の分離比は，遺伝子型不明の個体から生じた配偶子の分離比を表すので，そこから個体の遺伝子型や連鎖の状態を決定することができる。

⑤ 進化のしくみ　(p.10～p.11)

1 ① 突然変異　②・③・④ 自然選択，遺伝的浮動，地理的隔離(順不同)　⑤ 生殖的隔離

2 ① ダーウィン　② 遺伝　③ 遺伝子　④ 遺伝的浮動　⑤ 地理的隔離　⑥ 生殖的隔離　⑦ 小進化　⑧ 大進化

解説 生物の進化に関する基本的な考え方。問題文中でも扱っているように，突然変異により遺伝子の変化が起こり，次に遺伝的浮動や自然選択・地理的隔離などにより遺伝子頻度が変化する。地理的隔離が起きたのち長い年月の間に生殖的隔離が起こり，種が分化すると考えられている。

　しかし，DNA塩基配列の変異は一定の速さで進むと考えられているので，突然変異だけを主な進化の要因とすると，進化の速さを説明することができない。また，自然選択で進化の方向性が決まるとされているが，それだけだと種の分化(**小進化**)は説明

できても，魚類が両生類に進化するなどの大きな系統の分化(**大進化**)を説明することができない。

3 (1) a－コイ　b－イモリ　c－ウシ　d－ヒト
(2) 1000 万年　(3) 約 3 億 4500 万年前

解説 (1)表からヒトとの間で最もアミノ酸配列の違いが多いのはコイで，これをもとに系統樹をかくと a と d がヒトとコイのどちらかになる。また，ヒトとウシの間はもっとも違いが少ないので，この2つが最も近い間となるので d がヒト，c がウシ，a がコイとなる。残った b がイモリとなる。

(2)ウシとイモリの共通の祖先が異なる進化をしてから，64個のアミノ酸が異なっているので，それぞれで32個のアミノ酸が変異したことになる。その変異に3.2億年かかっているので

　3.2 億÷32 ＝ 1000 万年

(3)① まず，ヒトとウシで考える。この2つの共通の祖先が異なる進化をたどってから，アミノ酸配列が17個変異したので，それぞれの17÷2＝8.5個ずつ変異したことになる。

② ヒト・ウシ・イモリの間では平均で

(64 ＋ 62)÷2＝63 個ちがう。①と同じようにそれぞれの共通の祖先が異なる進化をし始めてから63個変異したので，それぞれ63÷2＝31.5個変異したことになる。

③①・②同様にヒト～コイの間を計算すると，

(74 ＋ 65 ＋ 68)÷3÷2＝34.5

以上のことをもとに系統樹にそれぞれのアミノ酸配列の違いを表すと下図のようになる。

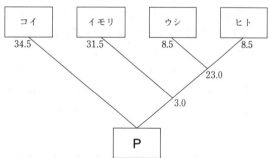

(2)よりアミノ酸1つが変異するのに1000万年かかるので，1000万年×34.5か所＝3億4500万年となる。

4 (1) $AA - p^2$　$Aa - 2pq$　$aa - q^2$
(2) $AA - 490$　$Aa - 420$　$aa - 90$
(3) ハーディ・ワインベルグの法則

解説 (2)問題文より $p+q=1$　また，$p=0.7$ とあ

るので，$q=0.3$ となる。右段 Check の表より，AA の遺伝子頻度は p^2 なので $0.7^2=0.49$，Aa は $2pq$ なので $2×(0.7×0.3)=0.42$，aa は $0.3^2=0.09$ となる。この集団の個体数は 1000 より，各遺伝子型の個体数を求める。

⑥ 生物の系統 ①　　　(p.12〜p.13)

1 ① 原核　② 真核　③ 細菌(バクテリア)
④ アーキア(古細菌)　⑤ 真核生物

🔎**解説** 界より上位の分類階級(ドメイン)を設定し，全生物を 3 つのドメインに分類する説が **3 ドメイン説**であり，遺伝子の塩基配列に基づいた分類である。細菌ドメイン，アーキアドメインには原核生物が含まれる。

2 (1)紅色硫黄細菌　(2)アメーバ
(3)褐藻類　(4)クモノスカビ　(5)サクラ
(6)酵母菌

3 (1)① リンネ　② 属　③ 科　④ 目
⑤ 綱　⑥ 門　⑦ 界　⑧ ドメイン
(2)① 共通　② 交配　③ 生殖能力　④ 別種

🔎**解説** 種の定義はしっかりと理解しておくべき内容である。雑種生物として，イノシシとブタの雑種(イノブタ)がある。これは次世代に生殖能力があるので，イノシシとブタは同じ種として認められている。

4 (1)① 細菌(バクテリア)
② アーキア(古細菌)　③ 真核生物
(2)a—②　b—③　c—①

🔎**解説** 1977 年にウーズは rRNA の塩基配列の違いから，生物を 3 つのドメインに分類した。同じ原核生物でも細菌の細胞壁の主成分はペプチドグリカン，アーキアの細胞壁の主成分は糖やタンパク質と，異なっている。よってアーキアは系統的には真核生物と近縁となる。なお，① と ② は約 38 億年前に，② と ③ は約 24 億年前に分岐した。

⑦ 生物の系統 ②　　　(p.14〜p.15)

1 ① コケ植物　② 維管束植物　③ シダ植物
④ 種子植物　⑤ 裸子植物　⑥ 被子植物

2 (1)① 胞子　② 卵　③ 精子
④ 接合子(受精卵)
(2)受精—オ　減数分裂—ア

3 ① 三胚葉動物　② 旧口動物
③ 新口動物　④ 冠輪動物　⑤ 脱皮動物
⑥ 脊椎動物　⑦ カ　⑧ オ　⑨ イ　⑩ エ
⑪ ウ　⑫ ア

4 ① アフリカ　② 原人　③ 旧人
④ ホモ・ネアンデルターレンシス　⑤ 新人

🔎**解説** 類人猿と異なり，猿人は直立二足歩行を行い，原人は完全な直立二足歩行を行った。脳容積は猿人，原人，旧人，新人とだんだん大きくなっていき，猿人のアウストラロピテクス・アファレンシスは約 500 cm^3，原人のホモ・エレクトスは約 1000 cm^3，旧人のホモ・ネアンデルターレンシスは 1400 cm^3 と推定されている。ホモ・ネアンデルターレンシスはある程度の文化をもっていたと推定されるが，やがて絶滅した。現生人類の祖先である新人(ホモ・サピエンス)は脳容積が 1300 〜 2000 cm^3 ほどあり，世界各地へ分布していった。

第2章　｜　**生命現象と物質**

⑧ 細胞の詳細な構造 ①　　　(p.16〜p.17)

1 ① 葉緑体　② ミトコンドリア　③ 核膜
④ 核小体　⑤ ゴルジ体　⑥ 粗面小胞体
⑦ 滑面小胞体　⑧ 細胞質基質

🔎**解説** ① 植物細胞に特有な細胞小器官は，液胞，細胞壁，葉緑体である。
② ミトコンドリアは細胞内に多数存在する細胞小器官で内部にひだの構造がある。
③ 核膜は二重膜で核膜孔が多数開いている。
④ RNA とタンパク質が集中して核小体ができる。
⑤ ゴルジ体は，分泌に関与する。
⑥・⑦ 小胞体はタンパク質の合成と貯蔵に関わるので，核の近くに存在する場合が多く，表面にリボソームがある粗面小胞体とリボソームのない滑面小胞体がある。
⑧ 細胞内の細胞小器官以外の液状部位を**細胞質基質**という。
　細胞内の主に細胞膜内面に走っているタンパク質繊維を**細胞骨格**という。

2 ① リボソーム　② 粗面　③ ゴルジ体
④ 細胞膜　⑤ エキソサイトーシス
⑥ エンドサイトーシス

解説 ⑤エキソ(exo-)は「外へ」という意味。
⑥エンド(endo-)は「内へ」という意味。

3 (1)ウ　(2)選択的透過性

解説 (1)疎水性の脂肪酸の鎖がお互いに向き合って脂質二重層を形成している。
(2)生体膜は丈夫で親水性の物質をほとんど透過させない。必要な物質のみ，膜タンパク質が選択的に透過することで，細胞の内部環境を維持している。

4 (1)ウ，オ　(2)イ　(3)ア，エ，オ

解説 (1)細胞内で細胞小器官が動いて見える細胞質流動は，モータータンパク質のミオシンの尾部が細胞小器官に結合し，ミオシンの頭部がATPのエネルギーでアクチンフィラメント上を移動して起こる。動物の体細胞分裂終期のくびれ形成にも関与する。
(2)中間径フィラメントはケラチンなどの，複数のタンパク質で構成される。
(3)べん毛運動はチューブリン上をモータータンパク質のダイニンが滑る運動で起こる。細胞分裂での染色体の分離では微小管が紡錘糸となって染色体を両極に輸送する。動物細胞で見られる中心体もチューブリンが束になった構造である。

5 (1)①二重膜　(2)②卵
(3)③一重膜　④小胞　⑤細胞膜

解説 (1)二重膜をもつのは，細胞膜，核，葉緑体，ミトコンドリアである。
(2)精子のミトコンドリアは中片部に存在し，卵内に進入しない。よって，受精卵のミトコンドリアはすべて卵由来である。

⑨ 細胞の詳細な構造②　*(p.18〜p.19)*

1 ①エンドサイトーシス　②細胞膜
③小胞　④エキソサイトーシス

解説 エンドサイトーシスには，マクロファージの食作用によるウイルスや細菌の取り込みなどがある。エキソサイトーシスには，ホルモンや消化酵素の分泌などがある。

2 (1)ア，密着結合
(2)イ，デスモソーム　ウ，接着結合
(3)エ，ギャップ結合　(4)カドヘリン

解説 (2)細胞骨格と接着タンパク質が結合することにより，柔軟で強靭な結合をつくることができる。
(3)隙間をつくることで細胞どうしでの物質の輸送が可能となっている。

🔒**重要事項　細胞接着**

多細胞生物は細胞どうしが接着して体をつくっている。接着にはタンパク質が関与しており，竹市雅俊らが発見してカドヘリンと命名した。
細胞接着は接着の強弱により，いくつかの種類がある。

3 (1)ウ　(2)ウ

解説 (2)リボソームを構成する成分は，rRNAと大小２つのタンパク質サブユニットのみであり，生体膜に覆われていない。

4 ①細胞接着　②ギャップ結合
③カドヘリン

解説 カドヘリンには120種類ほどがあり，同じ種類のカドヘリンどうしが結合する。

⑩ 生物体を構成する物質　*(p.20〜p.21)*

1 ①単糖(単糖類)　②二糖(二糖類)
③多糖(多糖類)　④脂肪酸
⑤グリセリン　⑥側鎖　⑦アミノ基
⑧カルボキシ基

解説 ①単糖(単糖類)には多くの種類があるが，生体を構成する最も有名な糖は図に示したグルコース，フルクトース，ガラクトースである。このほか，マンノースやリボースも単糖である。
②単糖(単糖類)が２つ脱水縮合したものが二糖(二糖類)である。
③脱水縮合して複数の糖が鎖状に連なったものが多糖(多糖類)である。また，枝分かれすることもある。
④脂肪酸には多くの種類があり，サラダ油やオリーブオイルに含まれるオレイン酸やリノール酸などもその１種である。
⑤脂肪は３つの脂肪酸とグリセリンが脱水縮合してできる。
⑥アミノ酸は側鎖によって異なる。生体を構成するアミノ酸は20種類あり，多くのアミノ酸は生体内で合成できるが，９種類のアミノ酸は生体内で合成できないため，必須アミノ酸と呼ばれている。

⑦・⑧ 2つのアミノ酸の間でペプチド結合が起こる際には，一方のアミノ酸のアミノ基の水素1つと，もう一方のカルボキシ基の水素と酸素がはずれて水となり結合する。この結合を**ペプチド結合**という。多数のアミノ酸がペプチド結合で鎖状につながったものがタンパク質である。

<hr>

2 ① **有機物**　② **アミノ酸**　③ **ペプチド**

解説 タンパク質は10個程度〜数百個のアミノ酸からなる。

<hr>

3 (1) 細胞の種類－**動物細胞**
理由－**炭水化物の割合が少ないから。**
(2) **脂質**　(3) **イ**

解説 (1) 植物細胞の場合，糖の1種であるセルロースでできた細胞壁が大きな割合を占める。つまり，炭水化物が多くなり，その割合は18％程度である。
(2) タンパク質，脂質，炭水化物，核酸の4つが細胞を構成する主な有機物である。
(3) 細胞の状態によって変化するが，おおむね70％ほどである。

<hr>

4 ① **無機物**　② **C, H, O**
③ **C, H, O, P**　④ **C, H, O, N, S**
⑤ **C, H, O, N, P**

解説 有機物において，炭素（C），水素（H），酸素（O）は共通であるが，脂質ではリン（P）が，タンパク質では窒素（N）と硫黄（S）が，核酸では窒素（N）とリン（P）が構成元素として加わる。

<hr>

🔒**重要事項　元素記号**

　生物基礎だけではなじみのない元素記号だが，生体に必要な元素は限られているので，しっかり覚えておくこと。覚え方として，炭水化物はCHO（チョー），脂質はCHOP（チョップ），タンパク質はCHONS（チョンス），核酸はCHONP（チョンプ）。

<hr>

5 (1)① **有機物**　② **炭酸**
(2) ヒト－**ア**　ホウレンソウ－**イ**
(3) **従属栄養生物**　(4) **消化（異化）**

解説 (1)① 生体を構成する物質のうち，それらの炭素を含む物質を**有機物**という。一方，生体を介

さずに生じる炭素を含む簡単な物質（二酸化炭素など）は無機物に分類される。
② 窒素を含む無機物（無機窒素化合物）や有機化合物を体外からとり入れ，生体に必要な有機窒素化合物をつくる過程は**窒素同化**という。
(2) 動物の場合，体内を構成する物質は水以外ではタンパク質，脂質の順で多いが，植物の場合は水以外では炭水化物，タンパク質の順で多い。
(3) 光合成を用いて，無機物から生体に必要な有機物をつくることのできる生物を**独立栄養生物**という。
(4) 消化は異化の1種。消化することで吸収が可能となる。吸収した物質は栄養として体内で複雑な物質に同化される。

<hr>

⑪ 生命現象とタンパク質　　*(p.22〜p.23)*

1 ① **一次**　② **二次**
③ **βシート**　④ **αヘリックス**
⑤ **三次**　⑥ **四次**

解説 ③・④ ポリペプチドの折り畳みの構造をタンパク質の二次構造という。らせん状の構造をαヘリックス構造といい，シート状の構造をβシート構造という。二次構造が組み合わさり，ゆるやかにつながると三次構造となる。

<hr>

2 ① **二次**　② **三次**　③ **四次**

解説 ① **二次構造**には定まった構造であるαヘリックス構造とβシート構造などがある。
② 1本のポリペプチド鎖が最終的にとる構造を**三次構造**という。
③ 三次構造を形成した複数のポリペプチド鎖が組み合わさって**四次構造**となる。

<hr>

3 (1) **モータータンパク質**
(2) **ダイニン，キネシン**
(3) **ミオシン**
(4) **細胞質流動（原形質流動）**

解説 (4) 細胞質流動は，アクチンフィラメント上をミオシンが運動することで起こっている。細胞質流動は死んだ細胞では見られない。

<hr>

4 (1)① **アクアポリン**　② **ATP**　③ **カリウム**
(2) **選択的透過性**
(3) b－**能動輸送**　c－**受動輸送**

解説 (3)濃度の高いほうから低いほうへ，物質が移動することを受動輸送といい，濃度の低いほうから高いほうへ，物質が移動することを能動輸送という。受動輸送では ATP のエネルギーを必要としないが，能動輸送では ATP のエネルギーを使って，物質を輸送するタンパク質をはたらかせる。

⑫ 酵　素 ①　　　　　(p.24～p.25)

1 ①基質　②活性部位　③基質特異性
④酵素－基質複合体

2 ①基質特異性　②活性部位

解説 1種類の酵素がはたらく基質は決まっている。酵素と基質が結合したものを酵素－基質複合体という。

3 (1)①触媒　②酸性　(2)ア，ウ
(3)pH が大きく変化すると酵素のタンパク質の立体構造が変化して変性するから。

解説 (1)① 酵素は生体触媒ともいう。
② 水素イオン濃度により受ける影響の程度が異なるため，最適 pH は酵素の種類によって異なる。胃ではたらく酵素は最適 pH が2で酸性，小腸ではたらく酵素は最適 pH が8で弱アルカリ性。
(2)ア 道管の水の移動は根圧と蒸散などによる。
イ カタラーゼの作用。
ウ 気体の拡散によるガス交換のため。
エ 好気呼吸に関わる酵素の作用。
オ アルコール脱水素酵素の作用。

4 (1)最適温度
(2)温度－27℃（26℃，28℃でも可）
時間－50 時間
(3)高い熱によるタンパク質の変性が起こり，酵素が失活したから。

解説 (1)酵素反応は酵素と基質が衝突して酵素－基質複合体を形成して起こるので，温度が高いほうが分子の運動は活発になり，反応速度が上がる。しかし，温度が上がりすぎると，立体構造が変化し変性してしまう。
(2)最もタンパク質分解量が多いグラフを見ると，反応時間が50時間であることは明らかである。温度については，およその値をグラフから読みとる。

⑬ 酵　素 ②　　　　　(p.26～p.27)

1 ①アロステリック　②アロステリック
③フィードバック

解説 ①・②・③アロステリック酵素にあるアロステリック部位に基質以外のある物質が結合すると，酵素の立体構造が変化し，基質との結合が阻害されるようになる。このような調節をフィードバックといい，非競争的阻害である。

2 (1)下図
(2)① 小さくなる　②競争的　③活性部位
(3)競争的阻害物質

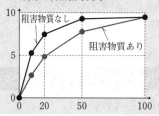

解説 (1)阻害物質ありと無しの場合で，それぞれの基質濃度での反応速度の値をとって，線で結ぶ。
(2)基質濃度の高い，グラフの右側で反応速度がほとんど変わらないので，阻害物質の効果は小さくなっている。これは一定量の阻害物質に対して，競争的に活性部位に結合する基質の濃度が十分高いためと考えられる。もしアロステリック酵素の場合，基質濃度に関係なく，阻害物質が酵素のアロステリック部位に結合するので，基質濃度が高くても反応速度が低下する。
(3)グラフの形状から競争的阻害物質と考えられる。

3 ①オ　②カ　③ウ　④イ

解説 ① 十分反応時間が経つと基質が反応し終えるので，基質の量が倍の破線の生成物の量は実線の倍となるのでエかオに絞られる。また，グラフの立ち上がり（＝反応速度）については基質濃度が高いほど，酵素と基質の衝突頻度が上がるので，反応速度も上がる。つまり，グラフの立ち上がりも基質の量が倍の破線の方が高いオが正解。
② 基質の量が一定なので，最終的な生成物の量は変わらない。よってウかカに絞られる。酵素量を倍にすると，より早く生成物が生じるので，破線の立ち上がりが実線より早いカが正解。
③ 競争的阻害物質が存在すると，阻害物質と基質

との間で，競争的に活性部位に結合する。この場合，基質濃度が低いと活性部位に阻害物質が結合しやすく，反応速度が低下するので，グラフの立ち上がりで破線が実線より小さい**イかウ**に絞られる。また，十分に基質濃度が高いと，阻害物質より基質の活性部位に結合する頻度が上がるため，阻害物質が無いときと比べても反応速度に大きな差は無くなる。よって**ウ**が正解。

④ 非競争的阻害物質が存在するとアロステリック部位に結合して酵素活性を阻害するため，グラフの立ち上がりが低くなるので，破線が実線より小さい**イかウ**に絞られる。基質濃度が高くても，酵素濃度が一定であれば，非競争的阻害物質は酵素のアロステリック部位に結合して阻害するため，グラフの右側の酵素濃度が高いときにも反応速度は低くなる。よって**イ**が正解。

⑭ 代 謝 ① 同化　(p.28〜p.29)

① ①光化学系Ⅱ　②光化学系Ⅰ
③ATP 合成酵素　④電子
⑤カルビン(カルビン・ベンソン)
⑥H_2O　⑦O_2

解説 ①・⑥・⑦光合成の一連の反応はこの光化学系Ⅱの水分子の分解からスタートする。

②光化学系Ⅰでは伝達された電子を受け取り，さらに光エネルギーの力で高いエネルギーをもつ補酵素がつくられる。

③光合成の電子の流れの中で，チラコイド膜内に水素イオンが蓄積し，ストロマ側との濃度勾配でATP 合成酵素が活性化してATP がつくられる。

④光化学系Ⅱから始まる高いエネルギーをもつ電子の流れは多くのタンパク質を伝達し，光化学系Ⅰにまで到達する。

⑤二酸化炭素はストロマ側に存在する酵素によって固定される。この反応を**カルビン回路**(カルビン・ベンソン回路)という。

② ①ATP　②PGA　③ルビスコ

解説 ①ATP 合成酵素でつくられたATP は炭酸固定のエネルギー源となる。

②RuBP (リブロースビスリン酸) が 2 つに分かれて，2 分子の PGA (ホスホグリセリン酸)になる。

③ルビスコが行う反応は非常に効率が悪い反応なので，葉緑体内に多量のルビスコが存在し，光合成全体の反応速度が一定に保たれている。

③ ①$C_6H_{12}O_6$　②$12H_2S$，$12S$
③$2NH_4^+$，$2NO_2^-$　④$2NO_2^-$，$2NO_3^-$

解説 ①シアノバクテリアの光合成は植物と同様。($6CO_2+12H_2O+$光エネルギー$\longrightarrow C_6H_{12}O_6+6H_2O+6O_2$)

②硫黄細菌の場合，水でなく硫化水素を分解する。($6CO_2+12H_2S+$光エネルギー$\longrightarrow C_6H_{12}O_6+6H_2O+12S$)

③亜硝酸菌はアンモニアを酸化したときに得られるエネルギーで生育する。($2NH_4^++3O_2 \longrightarrow 2NO_2^-+2H_2O+4H^++$エネルギー)

④硝酸菌は亜硝酸を酸化したときに得られるエネルギーで生育する。($2NO_2^-+O_2 \longrightarrow 2NO_3^-+$エネルギー)

④ (1)①クロロフィル　②マグネシウム
③チラコイド　④ストロマ　⑤水(分子)
⑥ATP　⑦水素イオン
(2)エ
(3)カルビン回路(カルビン・ベンソン回路)

解説 (1)①クロロフィルにはa，b，c，dのほかにバクテリオクロロフィルなどがある。それぞれ少しずつ構造が異なり，吸収する光の波長も異なる。クロロフィルaは緑藻や地上の植物全般にある。

②クロロフィルにはマグネシウムが必要なので，植物が育つにはマグネシウムが必要になる。

③チラコイド膜はクロロフィルを含むので緑色をした膜である。

⑤水の分解は光化学系Ⅱで起こる。

(2)赤が約650 〜 700nm の波長，青が約430〜480nmとわかっていれば解ける。

☑注意　吸収スペクトル

　ヒトの可視光領域はおよそ 360 〜 800 nm で，短い波長から青→緑→黄→赤と認識している。クロロフィルが吸収するのは青と赤の光で，ほかの色素を含めた光合成全体でも青と赤が最もよく吸収される。そのため，あまり吸収されない緑の波長は植物体を透過(または反射)するので，植物は緑色に見える。

⑮ 代 謝 ② 異化　(p.30〜p.31)

① ①グルコース　②ピルビン　③クエン
④解糖　⑤クエン酸　⑥電子伝達
⑦マトリックス　⑧内膜

解説 各反応が細胞のどこで行われているか，しっかり覚えておくこと。

2 ① クエン酸回路　② 細胞質基質
③ ミトコンドリア　④ ATP合成酵素
⑤ 酸化的リン酸化

解説 ④・⑤光合成におけるATPの合成は，光エネルギーを用いるので**光リン酸化**といい，呼吸では有機物に蓄えられたエネルギーを酸化させてATPを合成するので**酸化的リン酸化**という。光合成と一部の呼吸ではたらくATP合成酵素は，構造が異なる。光合成のATP合成酵素の遺伝子は葉緑体DNAにコードされ，呼吸のATP合成酵素はミトコンドリアDNAにコードされている。

3 (1)① O_2　② 12
(2) $2880 \div 50.4 = 57.1\cdots$　57 分子

4 (1)アルコール発酵
(2)① クエン酸回路　② マトリックス
③ H_2O　④ CO_2　⑤ NADH　⑥ 2
⑦ 電子伝達系　⑧ 内膜　⑨ NADH
⑩ O_2　⑪ H_2O　⑫ (最大)34
(3)ピルビン酸

解説 (1)酵母菌はアルコール発酵を行うが，環境によって呼吸とアルコール発酵を並行して行うこともある。

ミスポイント　反応式

　生物で使われる反応式は化学の反応式と書き方と意味が若干異なる。例えば，
「$C_6H_{12}O_6 \rightarrow 2C_3H_4O_3 + 4[H] + 2\,ATP$」という式の〔H〕は補酵素にエネルギーとともに水素がわたされることを示している。また，「$+2\,ATP$」はATPが突然生じるのではなく，ADPとリン酸からATPがつくられるという意味になる。

⓰ DNAの複製　　　　　　(p.32〜p.33)

1 ① リーディング
② DNAポリメラーゼ
③ ラギング　④ DNAリガーゼ
⑤ 岡崎フラグメント　⑥ プライマー

解説 　DNAの伸長反応には5'→3'という方向があり，複製も転写もこれに従って反応が起こることをまず押さえておく。
① ほどかれた2本鎖DNAのうち，古い鋳型が3'側の場合，新しいDNAは5'→3'に伸長するので，DNAヘリカーゼが2本鎖をほどくのを後追いして進むリーディング鎖となる。
② 伸長反応はDNAポリメラーゼが行う。
③・④・⑤・⑥ ほどかれた2本鎖DNAのうち，古い鋳型が5'側の場合，伸長反応が起こるにはまずプライマーという短い1本鎖RNAが鋳型のDNAに結合する必要がある。そのプライマーから既に2本鎖になっている部分まで伸長反応が起こる。こうしてつくられたDNA断片を**岡崎フラグメント**という。岡崎フラグメントどうしはDNAリガーゼで結合し，ラギング鎖となる。

2 (1)ア，エ　(2)イ，ウ
解説 (1)複製が終わった部位はDNAが2本になっている。そして，複製はDNAヘリカーゼが塩基対をほどいた部位から両方向に進む。よって，2本となったDNAの真ん中の部位が複製開始点である。
(2)DNAヘリカーゼが塩基対をほどくので，DNAが1本から2本になっている部位に存在する。

3 (1)ヒストン　(2)ヌクレオソーム
(3)転写に必要なRNAポリメラーゼが結合するために，ヌクレオソームがとかれる必要がある。

解説 (2)ヌクレオソームが規則的に並ぶと繊維状に見えるので，クロマチン繊維という。
(3)真核生物では，クロマチン繊維やヌクレオソームといったDNAを折り畳んでいる構造をまずとかないとRNAポリメラーゼが結合できない。

4 (1)① DNA ポリメラーゼ　② プライマー
③ リーディング鎖　④ ラギング鎖
⑤ DNA リガーゼ
(2)イ　(3)イ，ウ

解説 (1)② プライマーは PCR 法にも使われる。
⑤ DNA リガーゼは制限酵素で切断した DNA 断片を結合する際にも使用する。
(2)プライマーは十数塩基の短い RNA である。その後分解されて DNA に置き換えられる。
(3)DNA の合成は 5'→3' 方向に進む。よって鋳型となる DNA が 3'→5' のアとエではリーディング鎖が合成される。一方，鋳型となる DNA が 5'→3' のイとウはラギング鎖となるので，岡崎フラグメントが合成される。

⑰ 転写・翻訳　*(p.34〜p.35)*

1 ① リボソーム　② tRNA
③ アンチコドン　④ コドン

解説 ① リボソームは，rRNA とタンパク質によってできている。
②・③・④ コドンに対応するアンチコドンをもつ tRNA が結合するため，指定されたアミノ酸がリボソームへ運ばれる。

2 ① 発現　② 転写　③ プロモーター
④ RNA ポリメラーゼ(RNA 合成酵素)
⑤ スプライシング　⑥ 選択的スプライシング
⑦ 翻訳

解説 ⑥ 選択的スプライシングはどのエキソンを選ぶかでアミノ酸配列が変化する。よって 1 つの mRNA 前駆体から複数のタンパク質がつくられる。

3 (1)① リボソーム　② RNA ポリメラーゼ
(2)① イ　② イ

解説 (1)枝分かれしている部位で転写・翻訳が行われている。酵素が連なって，複数の枝が見える部分に着目し，その枝の中で最も長い枝の根元がリボソーム，更にその先に RNA ポリメラーゼが存在する。
(2)リボソームである① は DNA に近い方が，RNA の翻訳を進めている。つまり DNA の方向に進む。RNA は右より左の方が短い。つまり RNA ポリメラーゼである② は左から右に進んでいる。

4 (1)16 種類　(2)81 塩基目から 83 塩基目

解説 (1)エキソンの 2 から 5 までは選択されるか，しないかのどちらかなので，2^4＝16。
(2)アミノ酸は 3 塩基からなり，平滑筋のポリペプチドは 284 アミノ酸で構成されるので，対応する塩基数は 284×3＝852 塩基。この mRNA は開始コドン前に 191〜193 塩基存在するので，終止コドンは，852＋191＋1＝1044 塩基目から，852＋193＋1＝1046 塩基目となる。平滑筋の α−トロポミオシンのエキソンを前から合計すると，305(1 a)＋126(2 a)＋134(3)＋118(4)＋71(5)＋76(6 b)＋63(7)＋70(8)＝963 塩基。1044−963＝81。1046−963＝83。
よってエキソン 9 d の 81〜83 塩基目が終止コドンとなる。

⑱ 遺伝情報の発現調節　*(p.36〜p.37)*

1 ① 調節遺伝子　② プロモーター
③ オペレーター　④ 転写　⑤ 合成

解説 図のラクトースオペロンは最初に発見された遺伝子発現の調節機構である。ラクトース存在下，非存在下での発現調節のしくみをそれぞれ理解しておくこと。

2 ① ヒストン　② クロマチン
③ 唾腺染色体　④ 基本転写因子
⑤ プロモーター

解説 ① ヒストンは円盤形のタンパク質であり，DNA が巻きつけるような構造(ヌクレオソーム)。
② 多くのヒストンが規則的に並ぶことで繊維状になる。これをクロマチン繊維という。
③ 唾腺染色体は核分裂の際に染色体が分離せず，数十本以上の染色体が束になった特殊な染色体で，観察が容易である。また，唾腺染色体には遺伝子が発現しているパフとよばれる，クロマチン繊維がほどけた部位がある。

3 (1)存在しない条件
(2)リプレッサーがオペレーターから離れること。

ミスポイント　ラクトースオペロン

　ラクトースオペロンで調節された遺伝子の中には，ラクトースの取り込みやラクトースの代謝に関する遺伝子がある。もしラクトース非存在下で，これらの遺伝子が完全に発現していないとなると，いざラクトースが細胞外に存在しても細胞内にラクトースの取り込みは出来ず，リプレッサーの解除に必要なラクトース代謝産物もつくれない。実はまれにリプレッサーがオペレーターをはずれ，常に極微量のラクトースの取り込みやラクトースの代謝に関するタンパク質は発現している。そのため，細胞外にラクトースが増加したときには迅速にオペロンの転写・翻訳が始まる。

4 ① 調節タンパク質
② 転写調節
③ プロモーター
誤(翻訳)→正(転写)

解説 ①・② 調節タンパク質は転写調節領域に結合する。ここでは結合して発現を促進させているが，逆に抑制する場合もある。

⑲ 動物の発生 *(p.38〜p.39)*

1 ① 精原細胞　② 二次精母細胞　③ 精子
④ 卵原細胞　⑤ 二次卵母細胞
⑥ 第一極体　⑦ 卵　⑧ 第二極体

解説 動物における減数分裂は一次精母細胞および一次卵母細胞から行われる，2回連続する細胞分裂である。

2 ① 先体　② 先体反応　③ 動物
④ 灰色三日月環　⑤ 背　⑥ 腹

🔒重要事項　灰色三日月環

　多くの両生類の卵の受精直後に現れる三日月型の灰色の部分。将来は背側になる部分である。

3 ① ウ　② オ　③ ア　④ エ　⑤ カ　⑥ イ
⑦ キ　⑧ ク

解説 両生類の卵は，主に不等割を行う。

4 (1) ウニー A → C → E
カエル－ B → D → H → F → G
(2) C －原腸胚　F －神経胚　H －原腸胚
(3) a －胞胚腔(卵割腔)　b －原口
c －胞胚腔(卵割腔)　d －神経板
e －胞胚腔(卵割腔)　f －原腸
(4) ① イ　② キ　③ カ

解説 (4) ① 網膜は神経管の一部が膨らんでできた眼杯に由来する。
② 肺など消化管につながる臓器は内胚葉由来である。
③ 筋肉でも骨格筋のような随意筋は体節由来であり，心筋や平滑筋などの不随意筋は側板由来である。

⑳ 動物の発生のしくみ *(p.40〜p.41)*

1 ① 中胚葉誘導　② 神経誘導

解説 予定内胚葉域が中胚葉をつくりだすはたらきを中胚葉誘導といい，外胚葉から神経管が誘導されることを神経誘導という。

2 ① シュペーマン
② 形成体(オーガナイザー)　③ 誘導

🔒重要事項　誘導

　分化の方向がほかの領域の影響で決まる現象で，この誘導の作用をもつ部分が形成体である。

3 (1) A －イ　B －ア　C －ウ　(2) ア
(3) 中胚葉誘導

解説 予定内胚葉域が中胚葉組織を誘導する現象を中胚葉誘導という。

4 (1) ア －眼杯　イ －水晶体胞　ウ －網膜
エ －角膜
(2) ① 神経管　② 水晶体胞　③ 角膜

解説 (1) 眼杯は，脳の一部が膨らんでできた眼胞が分化してできた部分である。
(2) 原口背唇によって外胚葉から神経管が誘導され，そこから脳ができ，脳の一部が膨らんでさらに分化した眼杯によって眼の誘導が行われる。

㉑ 発生を司る遺伝子　(p.42〜p.43)

1 ① 未受精卵　② 紫外線　③ 神経胚
④ 全能性

🧑‍🏫**解説** ガードンは，アフリカツメガエルの未受精卵に紫外線を照射して核のはたらきを失わせた。この卵にさまざまな発生段階の胚の細胞から取り出した核を移植した。その結果，発生が進むにつれ，生体になる率が下がることがわかった。

2 ① プログラム細胞死
② アポトーシス　③ 壊死

🔒**重要事項　アポトーシス**

　プログラム細胞死のうち，細胞膜や細胞小器官が正常な形態を保ちながら染色体が凝集し，まわりの細胞に影響を与えることなく縮小・断片化して死んでいく細胞死のこと。指を形成するときなどで起こる。

3 (1) ホメオティック突然変異
(2) ホメオティック遺伝子
(3) ホメオボックス

🧑‍🏫**解説** ホメオティック遺伝子は，体節ごとに決まった構造をつくるはたらきをもつ。

4 (1) 全能性　(2) ES 細胞(胚性幹細胞)
(3) iPS 細胞(人工多能性幹細胞)

🧑‍🏫**解説** (2) ES 細胞＝embryonic stem cell
embryonic＝胚の　　stem＝幹
(3) iPS 細胞＝induced pluripotent stem cell
induced＝誘導された　　pluripotent＝多能性
iPS 細胞は山中伸弥教授らによって作製された。この業績により，山中教授はガードンとともに 2012 年にノーベル生理学・医学賞を受賞した。

㉒ バイオテクノロジー①　(p.44〜p.45)

1 ① プラスミド　② 制限酵素
③ DNA リガーゼ

🧑‍🏫**解説** ① プラスミドは数千塩基対からなる環状DNA である。大腸菌に限らず，多くの細菌がプラスミドを取り込んだり放出したりする。このため『遺伝子の水平伝搬』といって，ある菌が獲得した薬剤耐性遺伝子がプラスミドなどを通じて別の病原菌に入り，多剤耐性菌が出現して社会問題になる。
② 制限酵素は多くの種類があり，その種によって切断する塩基配列が異なる。

2 ① ベクター　② アグロバクテリウム
③ プラスミド　④ 制限酵素
⑤ DNA リガーゼ

3 (1) 電気泳動法　(2) マイナス(−)
(3) 網の目状のゲルの間を移動するときに，大きいほど引っかかって遅く，小さいほど早く移動するので分離できる。

🧑‍🏫**解説** (1) DNA の電気泳動法にはアガロースという寒天のゲルを用いるものとアクリルアミドという非常に軟らかいプラスチックを用いるものがある。寒天もアクリルアミドも網目状の構造をしている。そのため，その隙間を通りやすい小さな DNA (またはタンパク質)ほど長く移動する。
(3) DNA のわずか一塩基の長さの違いでも，移動速度に差が出て分離することが出来る。

🔒**重要事項　電気泳動法**

　バイオテクノロジーの中でも最も汎用的な技術である。DNA だけでなく，タンパク質も分離することができる。DNA の場合，例えば，一塩基多型の領域を PCR 法で増幅し，それを電気泳動法で分離すれば，人によってその領域が異なる長さであることがすぐに見てわかる。したがって，この方法で個人を特定することが可能である。

4 (1) 22 対
(2) DNA を 1 本鎖に解離させるために 95 ℃に温度を上げるので，ヒトのタンパク質では失活するから。

🧑‍🏫**解説** (1) 1 回の温度サイクルで DNA は 2 倍になる。5 回の温度サイクルでは
1 本×2×2×2×2×2＝32 本となる。しかし，1 回の温度サイクルで増幅させたい領域より長い DNA は 2 本ずつ増加する。よって 5 回の温度サイクルで，2 本×5 回＝10〔本〕は増幅させたい領域より長い DNA になる。よって 32−10＝22〔本〕が増幅させたい領域からなる DNA である。
(2) ヒトに限らず，ほとんどの生物のタンパク質は50℃を越えるとほぼ失活する。そのため，温泉など

の高温下で生息する特殊な細菌のDNAポリメラーゼならこの温度サイクルに耐えることができる。

㉓ バイオテクノロジー ②　(p.46〜p.47)

１ ① プラスミド　② もたない　③ もたない
④ もつ　⑤ もつ

解説 ① 環状のDNAをプラスミドといい，目的の遺伝子を挿入し，大腸菌などの細菌の中で増やすことができる。
②・③ GFPを加えたプラスミドを使用していない大腸菌は，蛍光をもたない。③では，抗生物質を使用しているので，コロニーもほとんど形成されない。
④・⑤ GFPを加えたプラスミドを使用しているので，蛍光をもつようになる。⑤では抗生物質を培地に加えているが，大腸菌には抗生物質に耐性をもつ遺伝子をあわせて導入しているので，⑤でもコロニーを形成する。

２ ① ゲノム編集　② GFP
③ トランスジェニック生物　④ 遺伝子組換え

解説 ② 蛍光タンパク質は特に補酵素なども必要なく，ほぼ全ての生物体に使用できる。

３ (1)① イ　② ア
(2)白いコロニーが桁違いに増える。

解説 (1)① 培地にアンピシリンが含まれているので，プラスミドを取り込んでいる。しかし青色に発色しているので，ガラクトシダーゼがX-galを分解している。つまりガラクトシダーゼ遺伝子が正常に発現している。すなわち，遺伝子Xは挿入されていない。よってイ。
② 培地にアンピシリンが含まれているので，プラスミドを取り込んでいる。コロニーが白色であることからガラクトシダーゼがXgalを分解していない。よってガラクトシダーゼ遺伝子が発現していないので，遺伝子Xが挿入されていると考えられる。よってア。
(2)アンピシリンが存在しないと，プラスミドを取り込んでいない大腸菌が生育できるので，多量のコロニーが生える。これらのコロニーはガラクトシダーゼ遺伝子を持たないので，X-galを分解できず，白いコロニーを形成する。

㉔ ニューロンとその興奮　(p.48〜p.49)

１ ① 樹状突起　② 細胞体　③ 軸索
④ 髄鞘　⑤ 神経鞘　⑥ シナプス
⑦ シナプス間隙　⑧ シナプス小胞
⑨ ミトコンドリア

解説 有髄神経繊維の場合，軸索の外側を髄鞘が囲み，さらにその外側を神経鞘が囲む。

２ (1)A－運動ニューロン
B－感覚ニューロン
(2)a－軸索　b－シナプス　c－樹状突起
d－細胞体
(3)ア

解説 シナプスでの興奮の伝達は，軸索の末端側から樹状突起側へのみ伝わる。これは，軸索末端側のみに，神経伝達物質を含むシナプス小胞が存在するからである。

３ (1)A－間脳　B－中脳　C－大脳
D－小脳　E－延髄
(2)① C　② B　③ E　④ D　⑤ A

４ (1)① 閾値　② 電位　③ 頻度　④ 全か無か
(2)図１－ア　図２－カ

解説 (2)ニューロンにおいて静止部位では細胞膜の外側は＋に，内側は－に，活動部位では細胞膜の外側は－に，内側は＋に帯電する。図１ではアのようなグラフとなる。図２では電極がともに外側であることに留意する。刺激が伝わる順に，＋と＋で電位差は無し，－と＋で電位差は負，＋と＋で電位差は無し，＋と－で電位差は正，＋と＋で電位差は無しとなる。

５ (1)ア　(2)イ　(3)反射弓

⛯ミスポイント　反射弓
　興奮が大脳に伝わる前に，手や足の筋肉に興奮が伝わることを反射というが，その経路を反射弓という。反射は大脳を経由しない反応なので，反射弓に大脳が関わることはない。

㉕ 動物の刺激の受容と反応 *(p.50〜p.51)*

1 ①水晶体　②網膜　③虹彩　④黄斑
⑤盲斑　⑥鼓膜　⑦耳管(エウスタキオ管)
⑧うずまき管　⑨前庭　⑩半規管

解説 網膜の中央部にある光が集まる部分を黄斑，視神経が網膜を貫いて大脳へと通じている部分を盲斑という。

2 ①受容器　②適刺激　③感覚
④大脳　⑤運動　⑥効果器

> 🔒 **重要事項　適刺激**
> 　受容器で受容することのできる刺激の種類のこと。光は眼の適刺激であり，音は耳の適刺激である。

3 ①イ　②ア　③カ　④オ　⑤エ
⑥ウ　⑦キ　⑧ク

解説 骨格筋は自分の意思で動かすことのできる随意筋であり，心筋や内臓筋は自分の意思で動かせない不随意筋である。

4 (1)①筋原繊維　②筋節(サルコメア)
③アクチンフィラメント
④ミオシンフィラメント
(2)筋小胞体　(3)明帯
(4)クレアチンリン酸

解説 (1)Z膜からZ膜の間の部分を筋節という。
(2)神経刺激によって筋肉に電気的興奮が生じると，筋小胞体からカルシウムイオンが放出される。
(3)筋収縮時にアクチンフィラメントがミオシンフィラメントに滑り込むことで，アクチンフィラメント単独の部分である明帯の部分が減少する。

5 ①ウ　②オ　③エ　④イ　⑤ア　⑥カ

解説 ゾウリムシは体の周りにある短い毛である繊毛で移動し，ミドリムシは1本の長い毛であるべん毛で移動する。

㉖ 動物の行動 *(p.52〜p.53)*

1 ①正　②化学走性　③生得的行動
④学習　⑤知能(知能行動)

解説 ④・⑤同じ餌にありついた行動であるが，試行錯誤を行った上での行動は学習であり，過去の経験を基に考えて迷わず餌にありついた行動が知能である。

2 ①走性　②生得的行動
③かぎ刺激

> 🔒 **重要事項　かぎ刺激**
> 　動物に特定の行動を引き起こさせる外界からの刺激。この刺激により，生殖・攻撃・摂食などの行動が引き起こされる。

3 ①イ　②ウ　③エ　④ア

解説 フェロモンのうち，異性を引き寄せるのが性フェロモン，仲間を集めるのが集合フェロモン，敵に襲われたことを仲間に知らせるのが警報フェロモン，食物のありかを知らせるのが道しるべフェロモンである。

4 ①エ　②ア　③イ　④オ　⑤ウ

解説 実際に舌に食物が接することによって唾液が出るのが反射であり，舌に食物が接することなく，過去の経験により視覚や聴覚などの情報によって本来とは異なる行動が起こるのが古典的条件付けである。

5 (1)①円形　②8の字　(2)エ　(3)イ

解説 (2)ミツバチの8の字ダンスでは太陽方向と餌場の方向のなす角度を，巣箱の鉛直方向とダンスの直線部分のなす角度で表す。正午では右方向45度なので餌場は南西方向にある。
(3)太陽は3時間で45度移動するので，3時間後は餌場と同じ方向となる。

㉗ 植物の発生 *(p.54〜p.55)*

1 ①胚嚢母細胞　②反足細胞　③極核
④助細胞　⑤卵細胞

解説 胚嚢母細胞は，減数分裂後にその1つが胚嚢細胞となる。そこから3回の核分裂で8個の核ができ，細胞質分裂によりそれぞれの細胞ができる。

2 ①花粉四分子　②花粉管核
③雄原細胞　④精細胞　⑤胚嚢母細胞
⑥3　⑦助細胞　⑧反足細胞　⑨極核

解説 1個の花粉母細胞は，減数分裂により4個の花粉四分子となる。花粉四分子は1回分裂して，成熟した花粉となり，このとき核は1個の花粉管核と1個の雄原細胞の核となる。

3 (1) a−エ　b−カ　c−ア　d−ウ
e−オ　f−イ
(2) やく−①〜②　胚珠−⑤〜⑥
(3) A−卵細胞　B−極核(中央細胞)
C−胚乳　D−2　E−3
(4) 重複受精　(5) 無胚乳種子

🔒**重要事項　重複受精**
　花粉管から放出された2個の精細胞がそれぞれ合体する現象。1個は卵細胞と合体して胚を形成し，もう1個は2個の極核をもつ中央細胞と合体して胚乳となる。被子植物に特有な現象である。

4 ①ア　②ウ　③イ

解説 遺伝子異常が起こると，その遺伝子が関わる部分が形成されない。

㉘ 植物の環境応答 ① (p.56〜p.57)

1 ①×　②←　③×　④←　⑤→　⑥→

解説 ③幼葉鞘(ようようしょう)を伸長させるオーキシンが光の影響で右に移動するが，雲母片があるためにオーキシンが伸長部分に到達せず，屈曲が起こらない。

2 ①屈性　②傾性　③成長運動

解説 刺激に対して方向性がある反応が屈性であり，方向性をもたない反応が傾性である。

3 (1) オーキシン　(2) ア　(3) 極性移動

🔒**重要事項　極性移動**
　オーキシンが先端部から基部側へと一方向にのみ移動すること。重力で移動するのではなく，タンパク質の作用で移動するので，重力に逆らって移動できる。

4 ①ウ　②イ　③エ　④ア

解説 2, 4−Dは双子葉類を枯死させるが，単子葉類に影響はないので，イネ科の作物の田や畑へ除草剤として利用される。

5 (1) 膨圧運動　(2) 孔辺細胞
(3) アブシシン酸

解説 (1) オジギソウの葉が閉じて葉柄が垂れる就眠運動は膨圧の変化による膨圧運動で，接触傾性の例である。
(3) 気孔はサイトカイニンが作用して開き，アブシシン酸が作用して閉じる。

㉙ 植物の環境応答 ② (p.58〜p.59)

1 ①○　②×　③○　④×　⑤×
⑥○　⑦×　⑧○　⑨○　⑩○　⑪×

解説 ①〜⑧限界暗期以上連続した暗期があれば短日植物が花芽を形成し，なければ長日植物が花芽形成をする。
⑨・⑩・⑪一部でも短日条件にされた葉があれば，そこで花成ホルモンが形成され，師管を通って植物全体に花芽が形成される。師管がないと花芽を形成しない。

2 ①長日　②短日　③光周性
④暗期　⑤中性

解説 春に開花する植物が長日植物であり，夏から秋にかけて開花する植物が短日植物である。

3 ①10　②11　③10　④光合成

解説 ④花芽形成に明期の長さは直接関係ないが，明期が短すぎると光合成により十分な養分が形成されないので，花芽形成率が悪くなる。

4 (1) 光発芽種子　(2) 赤色光
(3) フィトクロム

🎯**ミスポイント　光発芽種子**
　光が当たることによって発芽が促進される種子。発芽に必要な光は赤色光であり，種子内のタンパク質であるフィトクロムが赤色光を受容して発芽が促進される。一方，遠赤色光をフィトクロムが受容すると，フィトクロムが不活性型となり，発芽が促されない。

5 ①低温　②春化処理

解説 秋まきコムギは，冬の低温にさらされた後で暖かくなると花をつける性質がある。そのため，春にまいて開花結実させるためには，人工的に低温にさらす必要がある。

第5章　**生態と環境**

30 個体群と生物群集 ①　(p.60〜p.61)

1 ①個体群　②種間関係　③生物群集
④非生物的環境　⑤生態系

解説　生態系内の生物は同種の個体の集まり（個体群）が集まり，さまざまな種の生物（生物群集）を形成している。個体群の中では生活環境や配偶者の奪い合い（競争）が起こっている。また，異種間の間でも同様に様々な奪い合いが起こったり，食う・食われるの関係（**食物連鎖**）などが成り立ったりしている。

2 (1) 100 匹　(2) 標識再捕法
(3) 20 匹 / 100 m²

解説　(1) $\frac{50}{15} \times 30 = 100$〔匹〕

(2) 標識再捕法を用いる場合には，その調査地域への個体の出入りがないこと，また個体の死亡・誕生がないことが条件となる。また，この推定方法は移動が速い生物種を対象にするため，移動が遅い，または移動しない生物種(例えば植物など)には用いることができない。その場合には区画法などが用いられる。

(3) 推定されるフナの生息数は，(1) より 100 匹であったから，個体群密度は，

$$100 \times \frac{100}{500} = 20〔匹 / 100\ m^2〕$$

3 (1) ① 個体群　② 個体群密度
③（個体群の）成長曲線　④ 競争
⑤ 環境収容力

(2)

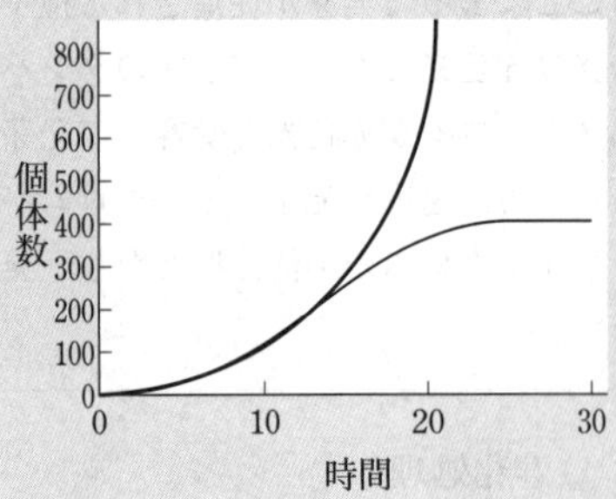

解説　個体群密度が高くなると，限られた資源をめぐって個体間の種内競争が激しくなり，出生率の低下や死亡率の増加など，個体群にさまざまな影響が表れる。

4 (1) 群生相　(2) 孤独相　(3) 相変異
(4) ① 黒褐色　② 緑褐色　③ 短い　④ 長い
⑤ 長い　⑥ 短い
⑦ 少なく大きい　⑧ 多く小さい

解説　トノサマバッタの孤独相に対して群生相は，長距離を移動することに適した体になる。

31 個体群と生物群集 ②　(p.62〜p.63)

1 ① 群れアユ　② 縄張りアユ
③ 個体群密度が高い
④ 個体群密度が低い
⑤ 縄張りから得られる利益
⑥ 縄張りの最適な大きさ

解説　縄張りを維持するためには，見回りやその奪い合いなどのコストがかかる。コストは縄張りの大きさや個体群密度にともない比例的に増えるが，利益は縄張りが大きくなるとやがて一定の値で飽和状態になる。利益がコストよりも大きい場合に縄張りが成り立ち，その差が最大になる縄張りの大きさが，最適の大きさとなる。

2 (1) 生存曲線
(2) A－ア　B－イ　C－ウ

解説　生命表をもとにグラフに表したものを生存曲線という。A は晩死型でヒトなどの哺乳類や社会性昆虫など，B は平均型で，昆虫を餌とする鳥類など，C は早死型で無脊椎動物や魚類などが例に上がる。

3 ① ウ　② エ　③ ア　④ イ　⑤ オ

4 (1) ① 169　② 25　③ 49.0　(2) 生命表　(3) イ

解説　(1) ① 291－122＝169
② 76－51＝25
③ 25÷51×100＝49.01…
(3) 孵化後，各発育段階で死亡率は 26 %〜 59 %と幅があるが，5 齢幼虫の死亡率が 49.9 %となっていることから発育段階が進んでも初期の死亡率とあまり差がないことが読み取れる。

㉜ 物質生産とエネルギーの流れ (p.64〜p.65)

1 ① 最初の現存量　② 成長量
③ 死亡・枯死量　④ 呼吸量
⑤ 不消化排出量　⑥ 摂食量　⑦ 生産量
⑧ 同化量　⑨ 純生産量　⑩ 総生産量

2 ① 生産構造図　② 広葉草本
③ イネ科草本　④ 上部　⑤ 低部

3 (1)① 呼吸量　② 枯死量
(2)a−3.08　②b−0.25
(3)森林−21.3年　浅海域−0.21 年

解説 (1)樹木は長寿のものが多く，非常に大きくなる個体も多い。樹齢をかさねた個体は，葉などの同化器官を多くつけるが，その量はある一定で最大となる。また幹が太くなり，呼吸量も増える。結果として総生産量が増えても，消費量も増えるので純生産量が小さくなる。同化器官のほとんどは最終的には枯死してしまう。
(2)ほかの値から計算式を予測する。現存量の平均値は（世界全体）÷（面積），純生産量の平均値は（地球全体）÷（面積）で求めることができる。
(3)生態系における生産者のおよその平均寿命は単位面積当たりの現存量を純生産量で割った値で表すことができる。

4 ① 無機物　② 有機物　③ 食物網
④ 光　⑤ 化学　⑥ 熱

解説 生態系内のエネルギーのほとんどは太陽光から供給されており，植物によって生物が利用できる形に変換される。その後は化学エネルギーから熱エネルギーへと変換され，生態系から失われる。その結果，炭素や窒素などの物質とは違い，エネルギーは循環することなく一方向へ流れている。

㉝ 物質循環とエネルギーの流れ (p.66〜p.67)

1 ① 光合成　② 呼吸　③ 窒素固定
④ 植物　⑤ 脱窒　⑥ 菌類・細菌

2 ① 熱エネルギー　② 循環
③ 光合成(炭酸同化)　④ 化石燃料
⑤ 窒素固定細菌　⑥ 硝化菌　⑦ 脱窒素細菌

☑ **注意　循環**

炭素は生態系の中を循環するが，エネルギーは循環しない。植物が炭酸同化したあとは，炭素はさまざまな栄養段階で，呼吸によって空気中に放出される。

一方，窒素も生態系の中を循環する。植物が有機物として窒素同化したあと，さまざまな栄養段階でアンモニアに分解される。その後，アンモニアは土壌で硝化されて硝酸イオンとして再度植物に吸収される。

3 (1)① イ，エ，ク　② ウ　③ ア　④ オ
(2)ア

解説 カ−枯死　キ・コ−排泄・死亡
ケ−分解　サ−堆積

4 (1)① アンモニウムイオン　② 硝化菌
③ 硝酸イオン　④ 脱窒素細菌　⑤ 窒素
(2)窒素固定細菌による窒素固定。落雷による放電現象。など
(3)① ア，イ，ウ　② キ
③ エ，オ，カ，ク

解説 (3)炭素の図として考えると，キはあり得ない経路である。ア・イ・クは呼吸，ウは光合成，エは捕食，オ・カは分解となる。窒素の図として考えると，ア・イ・ウはあり得ない経路で，エは捕食，オ・カは分解，キは根からの吸収，クは脱窒である。

㉞ 生態系と生物多様性① (p.68〜p.69)

1 ① 生態系多様性，ウ　② 種多様性，イ
③ 遺伝的多様性，ア

2 ① 大規模攪乱　② 中規模攪乱説
③ 局所個体群

3 (1)エ　(2)イ

解説 (1)ア 種多様性が保たれるには安定した生態系が必要で，そのためには生産量の大きい生産者の存在が必要である。一般的に地球上では低緯度地域のほうが生産量の大きい森林(亜熱帯多雨林など)が形成されやすく，また平地〜山地帯のほうが高山帯より種多様性は高い。

イ 種数が多く，各種の個体数が均等であるほど種多様性が高いので誤り。

ウ アと同様，生産者の存在を考える。海洋では限られた場所にしか栄養塩類が供給されない。そのため，外洋では生態系が形成されにくく，陸地に比べて種多様性も乏しくなると考えられる。

(2) 遺伝的多様性とは，同種個体群がもつ遺伝子の多様性を示す。ア，ウ，エはすべて種多様性への影響を示しているので，誤りとなる。しかし，これらの例は外来生物が日本の在来生物へ与えた影響としては重要なものである。

㉟ 生態系と生物多様性 ② *(p.70〜p.71)*

1 ① 分断　② 孤立　③ 減少
④ 遺伝的多様性　⑤ 近交弱勢
⑥ 適応度(出生率)　⑦ 絶滅

解説 ①〜③ 生息地が分断されると，個体群の数は減少する。

④・⑤ 個体の数が減少することにより，遺伝的多様性は低下する。また，近い血縁どうしの交配が起こりやすくなるため，有害な潜性の遺伝子が形質として現れる個体が増加する。

2 (1)① 相利共生　② 減少　(2)ア

解説 (1)アブラムシはヒアリに守られ，ヒアリはアブラムシから餌を得ている。そのため，双方に利益がある相利共生の関係である。

(2)個体数が減少すると，遺伝的多様性は低下する。遺伝的多様性が多いほど，生存に有利な遺伝子をもつ可能性がある。

3 局所個体群では，近親交配により生存に有害な対立遺伝子がホモ接合となり，生存に不利な個体や，遺伝的多様性の低下により環境の変化に対応できない個体が現れたりする可能性が高くなる。このような絶滅の渦に巻き込まれ，絶滅の可能性がより高くなる。